生態学のレッスン

身近な言葉から学ぶ

渡辺 守——［著］

東京大学出版会

Forty Tales: An Invitation to Ecology
Mamoru WATANABE
University of Tokyo Press, 2012
ISBN 978-4-13-063334-5

はじめに

教育学部の大学院入試において出題した理科教育の問題を紹介したい。すでに大学を異動して一〇年、前の大学でも一〇年以上前の話だから、二〇年は経ち、もう時効になったであろう。問題の趣旨を抜粋するとつぎのようなものである。

七月中旬から八月末まで、毎朝近くの公園に行ってセミの抜け殻を集めたところ、はじめはニイニイゼミが多かったが、だんだんとアブラゼミが増え、ときどきヒグラシやミンミンゼミが混じって、八月中旬を過ぎるとツクツクボウシがめだつようになったとする（簡単な図も一枚示した）。このような内容のレポートを、小学校一年生が夏休みの自由研究で、高校生が課題研究として、そして大学四年生が卒業研究として提出した場合、それぞれにどのような評価を与えるべきか。

すなわち、同じ「研究」という言葉を使っているものの、小学生と高校生、大学生のそれぞれにとって、「研究」の本質が異なっていることを理解しているかどうかを問うたのである。もちろん、実際の問題文はもっと長く、設問の仕方も異なっていた。それらに対応した正解例も、もちろん、ある。

しかし、ここでは、上記の問題に対応した答えを考えてみよう。

小学校一年生がこの類いの「研究結果」を提出したら、頭を撫でながら褒めて誉めて賞めまくる。

「毎朝毎朝、早起きしてがんばったねぇ」

「抜け殻をみただけでセミの名前がわかるなんてすごいねぇ」

「そういえば、ニイニイゼミって、8月になると鳴かなくなったよねぇ」

たとえ、この夏休みの自由研究に両親など大人の手助けが多少入っていたとしても、小学生のレベルでは意欲・心情・態度が評価の基準となるからである。結果よりも過程に重点が置かれるといえよう。たくさんの抜け殻を集め、コツコツと分類し、図表にまとめただけでも、賞める価値がある。そして、ツクツクボウシは旧盆が過ぎたころから鳴き始めるというような自分の経験を図によって示せたなら、「自己の考えを他人にわかりやすく伝える」という訓練にもなったに違いない。

高校生が相手となると、対応は微妙になってくる。高校生物の教科書には必ず「探求活動の進め方」というような項目があって、「研究」の手順が具体的に示されている。すなわち、仮説をもち、検証するための実験計画を立て、実験し、結果を整理して考察せよ、である。ところが、その同じ教科書に載せられている「実験」や「探求活動」という囲み記事の中には、考察の項目がなかったり、結果と考察が混乱していたりと、研究手順の遵守されていないものがある。したがって、自学自習をしただけの高校生は、普通、「研究」の手順が身についていない。どれくらい教科書を勉強し、教師から指導を受けてきたかを、高校生の顔色をうかがいながら質問せざるをえないのである。

「高校生物の教科書で勉強したはずの『仮説』は、この研究のどこで触れているの？」

「せっかく抜け殻を調べたのだから、雌雄も判定しなくっちゃ。同じ種で雌雄どちらが先に出てくる傾向があるのかは、考える必要があるのでは？」

「公園にいたセミの抜け殻を、毎日、すべて採れたっていう保証はあるのかい？　君の手の届かないもっと高いところに抜け殻はなかったのかい？」

高校生に対しては、高校生物の教科書の理解に加えて、この類いの「研究」を行なおうとした動機なども多様なため、一概に批判したり褒めたりすることはむずかしい。ムシ好きかどうかでも対応は変わってくる。

大学の卒論生相手なら「アホ！」と一喝する。

「『仮説』もなければ『統計的検定』もやっていない。どうやって一般化するのじゃ？」

「雌雄別にデータ解析をするのは常識じゃ。そもそも土の硬さはどうだったのじゃ？　羽化殻のあった木の種類や高さ、太さはどうなっていた？　羽化日の天候の影響はどのように解釈したのじゃ？」

「目的が不明確で、それに対応した調査（実験）計画が組まれていない。この類いの研究論文をどれだけ読んで、どれを参考にしたのじゃ？」

おわかりだろうか。

誤解を恐れずに単純にいえば、プロの研究者の「研究」とは、先行研究をしっかりと理解し、仮説をもち、目的があって調査・実験を行なった後、定量的に解析し（たいていは統計を用いて検定し）、論文にまとめてしかるべき雑誌に投稿し、複数の査読者による審査を通過して掲載される、というところまでを指している。したがって、日本で多く出版されている同好会誌などに掲載されている「研究」は、査読者がいないなど、どこかのステップが省略されているため、プロの研究者の「研究」とはみなされない。大学の卒論生はプロの「研究」を行なうための修行中の身であるから、彼らの「研究」に対しては厳しく指導しなくてはならないのである。

「プロの研究」についてこのように書くと、しばしば「愛好者の研究を貶めるものだ」という非難が返ってくる。愛好者も高校生も小学生も「研究」という言葉（の響き？）を愛しているからかもしれない。しかし、小学生に対して「これまでの先行研究を参考にしろ」なんていうほうがおかしいことは自明であろう。とすれば、プロの「研究」とそれ以外の「研究」は厳然と区別されるべきである。

ただし、だからといって「プロ以外の研究」を蔑視しているわけではない。野外の生き物を徹底的に観察し記載できるのは、愛好者しかいないのである。プロの研究者の仕事には、教育があり、所属機関の膨大な雑用があり、そして、生物全体におけるその生き物の位置づけ（一般則）を考える必要があるため、その生き物の観察だけに割く時間は、どうしても短くなってしまう。愛好者による莫大な観察記録がなければ、プロの研究者は研究ができないのである。一方、プロの研究者がつくりだす一般論や、まったく別の種のおもしろい振る舞いは、愛好者たちのさらなる観察意欲を引き出すに違いない。したがって、プロの研究者と愛好者は、車の両輪のように、持ちつ持たれつの関係であることが理想といえる。

なお、この入試問題の正答率はたいへん悪かった……。

この本を手にとり、長めの「はじめに」をここまで読んでくださったみなさま、この本の趣旨をご理解いただけたでしょうか。

「研究」という言葉ばかりでなく、普通に生活している人たちが日常なにげなく使う言葉に、学問上の専門用語がしばしば登場しています。そのうちの生物学の専門用語では、生態学関連の用語が多いようです。それ以外の用語では、スーパーで売られている豆腐をみて「遺伝子組み換えの大豆が……」くらいでしょうか。飲み屋で出てくるモツ煮込みの中を箸で探って摘み出し、「これは＊＊という器官だ」なんていえば、食べる気が失せるそうですね（私は気にしませんが）。

生態学の用語としては、「環境保全」や「エコ」、「食物連鎖」などが有名でしょうが、今では、「草食系男子」などという生態学っぽい言葉も巷に氾濫しています。二〇一一年三月一一日以降、「生物濃縮」という言葉もよく聞くようになりました。しかし、これらの言葉の用法たるや支離滅裂。そもそも、これらの言葉を用いるときに、基礎となる大事な概念や定義がまったく理解されていません。まぁ、専門家の集まりということになっている日本生態学会でも、年次大会における発表内容は玉石混淆。生態学の基礎を勉強し直したほうがよいと思うような研究発表もたくさんありますけど。

同じ言葉でも、巷での用法に誤解があるのは、不勉強なマスコミにも責任はあるでしょうが、日本語自体の特殊性、あるいは「研究」に対する日本の文化に理由がありそうです。そして、専門家といわれる集団はそれに気づいていません。たぶん、私は、教育学部という教員養成に特化した学部にいたために、気づかされてしまったのです。

大学での講義中、私は、しばしば、該当項目の周辺の話をおもしろおかしく話そうと努力してきました。ただし、近年では、歳をとったせいか、よくいえば歴史的な話、はっきりいえば昔話が多くなったかもしれません。学生たちはそれを「毒舌」といって楽しんでくれています（だとよいのですが）。そこで、その楽しみを本書にまとめてみました。

本書では、できるだけ生態学の専門用語は使わずに、現代の生態学の基礎的考えと、それから導かれるいろいろなジャンルのお話をお伝えしようと思っています。ただし、読み進めるうえで、高校生物の基礎知識は必要かもしれません。わははと笑いながら、あるいはニヤッとしながら読み進め、いつのまにか生態学の方法論や考え方を理解し、世の中の見方を考えるようすがにしていただけると幸いです。したがって、やや勇み足的に記述したり、極論したりした場所があります。教科書的な順序は無視しました。もちろん、生態学のすべての分野は網羅していません。さらに、本文中に、あえて繰り返した部分もあります。

ではでは、開場です。

生態学のレッスン／目次

生態学のレッスン

第1章——罪つくりな言葉

誤解される生態学

幽霊

二〇世紀の初頭、ヨーロッパの自然科学者や知識人の間では「機械の中の幽霊」という小話が流布していた。当時のイギリスの哲学者ギルバート・ライルによると、その小話とは、アフリカのジャングルの中の部落に蒸気機関車がやってきたときに起こるだろう騒動なのである。「そんな場所に線路なんか敷かれていない」というような突っ込みは考えないでもらいたい。

蒸気機関車はピストンを動かして車輪を回し、部落へやってきた。大きな汽笛を鳴らしたかもしれない。それをみた住民は、恐れて、周囲の森の中へ逃げ込んでしまうだろう。しかし、機関車が火を落とし、再び静寂がやってくると、機関車に近寄っていく。触れてもたたいてもなんの反応もないので、彼らは安心し、まもなく、恐怖が興味へと変わっていくはずである。そして、調べ始めるだろう。

そもそも移動手段として馬しか知らなかったとするなら、機関車の中に馬が入っていなくてはならない。しかし、機関車を分解できたとしても、中にあったのは、パイプなどの部品と石炭や水。熱力学の法則や蒸気機関の仕組みを理解していなければ、解釈に困ったに違いない。経験豊富な古老たちの威厳は地に落ち、それを説明する役割として祈禱師が登場してくる。したがって、最終結論は「機関車の中には馬の幽霊が入っている」しかない。となれば、機関車のまわりに祭壇をつくって、拝んで一件落着。

現代に生きるわれわれにとって、幽霊とはお話の世界の住人であり、さまざまな姿・形をして、さまざまに振る舞うことになっている。すなわち、われわれの豊富な「想像力の産物」であるといえよう。しかし、その小話では、幽霊とは「想像力の欠如」であるという結論であった。未開の住民が自分たちの知識のおよばない現象を「幽霊」とみなして、その先への思考を停止してしまうことを揶揄しているからである。

日高敏隆はこの小話を引用して、「自然科学で解決できない問題はない」という自然科学の発展に対する楽観的で絶対的な信仰の現れといった。その当時、ヨーロッパの人々にとって、自然科学の未来はバラ色にみえていたらしい。実際、一九世紀中ごろから発展を始めた「物理学」は、物体をどんどんと細かくして分析することを始め、分子、原子のレベルに到達し、素粒子のレベルへと進み始めていた。このような研究方法を還元主義という。そして挙げ句の果てに原子爆弾までつくってしまい、人類は、今、そのコントロールに、政治的社会的経済的道徳的倫理的宗教的軍事的国際的学問的日常的感情的精神的……的に四苦八苦している。そして、二〇一一年三月一一日に起こった東日本大震災による福島第一原子力発電所の事故とその対応は、あまりにも日本的な硬直した官僚機構の欠点が吹き出してしまい、天災と人災の相互作用となってしまった。

「化学」は物理学の後追いをした。すなわち、二〇世紀初頭から有機化学の発展が始まり、これまで地球上にはなかった（つまり生物起源ではない）物質を、ちょうど子どもの積み木遊びのように、ありとあらゆる側面からつくり始めたのである。そして「生物学」も。これらの自然科学の成果が駆使されて、二〇世紀は戦いの世紀となってしまった。戦いの相手は、人間であり、ほかの生物であったときもある。いずれにしても、二〇世紀になって、自然科学の前に「幽霊は成仏」してしまった。

とはいえ、生物学の世界において「幽霊」はまだまだ跋扈している。たとえば、今から四〇年以上も前に「動物行動学」が解決し、現在、使用するときには注意深く吟味しなければならない「本能」という言葉も、わが国では、いまだに「幽霊」の呪縛から逃れられていない。

「どうしてその動物はそんな行動をするの？」——「それは本能だから」

「雌はどうして子育てをするの？」——「それは母性本能だから」

などは「典型的な幽霊」である。現在では「生得的解発機構」といって、神経生理学や遺伝学などを包含して、さらなる解析・研究が行なわれているにもかかわらず、このような問いかけに対する解答で、無邪気に「本能」という言葉が使用される頻度は高い。すなわち、「本能」という言葉を用いて思考を停止しているのである。

「環境」や「生態」の世界でも、幽霊はいろいろな場所に出没している。とくに、巷では、「エコ」と名前をつければそれでよしという幽霊は枚挙にいとまがない。和訳された「生態系」より英名の「エコシステム」、それよりドイツ語的に「ビオトープ」といったほうが、中身はどうであれ格好よいのであろうか。

虫口

同じ言葉を用いながらも、時と場合によって、それが示す定義や内容が異なっていたり、あるいは相手によって異なる内容に受け取られたりすることは、日常生活においてもしばしば生じている。このような場合、普通の会話なら、気のついた側が誤解を訂正したり、自分なりの定義を示したりすれば、相互理解に大きな障害は生じないだろう。しかしその言葉の用い方に個人の思い入れがくっついていると、「誤解を訂正しているだけ」であっても、「自分の全人格を否定」されたように受け取って、猛反発されてしまうこともままあるようだ。

一つ一つの言葉の定義が比較的しっかりしており、誤解が生じにくいと考えられている自然科学の専門用語でさえ、専門家の間で定義が異なったり、誤解されたりしている場合がある。ましてや、非専門家の間では、それは頻繁に生じているといわざるをえない。

わが国において自然科学で用いられる専門用語の多くは、われわれの耳に聞きづらい「外国語もどき」ではない。われわれが日常的に使用している日本語を組み合わせたものにすぎないのである。明治時代の先達者たちは、欧米の自然科学で使われる言葉のすべてを、それぞれの本質を理解して趣旨を生かし、もっとも的確な日本語へと必死に翻訳してくれた。その結果としてつくられた日本語がわれわれの耳に聞こえやすい日常語に近ければ近いほど、われわれは自然科学を理解しやすくなり、身近なものと感じるようになったのである。そして、皮肉にも、その日常語ゆえに、結果的に、専門外の人々がそれぞれ自分なりに解釈してしまい誤解を生む素地がつくられてしまった。

非日常的な専門用語は日々の会話では用いられない。このような言葉は「むずかしいから」教科書に載り、高校生は「暗記」することになり、その結果、むずかしい専門用語の定義は日本全国どこでもあまり揺るがなくなる。近年では、直輸入の言葉を(発音どおりではなく)そのままローマ字読みしたり、アクセントやイントネーションは無視してわれわれの耳に響きのよいカタカナ言葉にしたりと、漢字を用いた日本語訳への努力が少なくなってしまった。国際学会でそのようなカタカナ語を使って相手にキョトンとされ、恥ずかしい思いをしたことはいくらでもある。ただし、これらの言葉は輸入直後のため、定義が誤解されることはあまりない。

生態学の分野の例をあげよう。ある一定の地域に生息する同種個体の集まりは「個体群」と名づけられてきた。これは非日常的な言葉といえる。たぶん、先達者は、そもそもの population という英語の語源が「人間の数」を意味していても、生態学では、虫の数や魚の数、植物の数も扱うので、「人口」と訳すべきではないと考えたらしい。この慧眼のおかげで、現在、われわれはすべての生き物に対して普遍的に「個体群」という非日常的な言葉を用いて説明することができるのである。ただ

し、そのおかげで、「個体群」という専門用語は高校の教科書で暗記項目の一つとなり、普通の人々の口には上らなくなってしまった。

一方、中国では、一九七〇年代はじめまで、「人口」や「虫口」、「魚口」「植口」などと、研究対象とする生物に対応した言葉が用いられていた。当時、生意気盛りの学生だったわれわれは、中国から送られてきた生態学関係の学術雑誌をみて、感心したり馬鹿にしたりしたものである。今では、中国も、自国語の学術雑誌には日本での造語「個体群」を採用しているらしい。

じつは、生態学の用語の誤用どころか、根深くて本質的な誤解が日本の自然科学の用語に存在する。それは「研究」という言葉で、自然科学の方法論における「研究とはなにか」や「研究者とはどういう職業か」「研究論文とはなにか」などにつながる大きな問題である。そして、この研究という言葉はいろいろな場面でいろいろに誤解され、「はじめに」で示したように、生態学、とりわけ生態学教育に大きな影響を与えている。小中高の教員の多くはこの「生態学的研究」の意味の誤解に気づかず、その結果は、高校生物における生態学の位置づけに影響し、大学の生物学における生態学の地盤低下をもたらしてしまった。とくに、高校までに「生態学の自由研究」で高い評価を受けて大学に入学してきた学生たちは、これこそが「崇高な研究」と信じてしまったらしい。その結果、大学時代以降の本来の「生態学的研究」の方法論になじめず、高校時代までの「研究」との乖離の大きさにとまどい、生態学の理解を進めない学生も少なくないのである。

偏見

広義の生態学ほど、生物学界の中でも、自然科学界の中でも、巷でも、誤解され偏見をもってみられてきた学問分野はないであろう。そもそもの生態学は、泥だらけになりながらたくさんのデータをとって統計学を駆使したり、パソコンが身近なものになるよりもはるか前から電子計算機と格闘したり、数理モデルを操ったりと、ほかの学問分野と方法論においてはまったく遜色のない分野である。むしろ、生物学におけるほかの分野が「顕微鏡を覗いて絵を描いている」段階にあったころでは、もっとも物理化学分野に似た方法論をもつ最先端の学問であったかもしれない。

ところが、広義の生態学はたくさんの学問分野を包含してしまった。現在の動物行動学につながる「習性学」も、ナチュラリストの大好きな「博物学」も生態学の一分野とみなされたのである。もち

ろん、これらの分野は生態学の学問を推し進めるうえで基礎となる重要な分野であった。しかしそれが強調された結果、そしてわが国では昆虫採集・押し花（葉）づくりが小学校の教材となった結果（それ自身はたいへんよい教育活動ではあったものの）、このような研究は「〈小学生でもできる〉やさしい」ものであり、「器械の前で白衣を着て試験管を振る」研究ほど高級そうとはみなされなくなったようである。

普通の人々の自然科学観は学校教育で培われてきている。ということは、初等・中等教育の教師たちの自然科学観が色濃く反映されていることになり、それは教員養成学部の理科教育観であり、教員養成学部の学生たちの自然科学観でもあった。そもそも教員養成学部に入学してくる学生たちは、高校時代に文科系大学進学用の教育を受けており、たまたまセンター試験などの成績がよかったために、教育学部・理科を選択したという生徒が多いのである。

高校生が教員養成学部を受験するにあたり、教員養成学部内のどの分野を主専攻と選ぶかは、自己の適性にしたがってはいない。自己の入試成績を、小学校教員養成課程の受験時の偏差値順にあてはめるのである。そして、この自分たちの「かしこさ順」を、学問の序列と対応させてしまった。すなわち、数・理・国・社・……、なのである。「より高いかしこさの分野」を専攻している学生はプライドが高いらしい。

所詮「小学校理科はやさしいし暗記モノ」だから、高校時代に文科系の勉強しかしなくても、教科書にしたがえば子どもたちに教えられるだろう。中学校理科はちょっとむずかしい。高校理科となると歯が立たなくて……と、小・中・高・大となるにしたがって内容がむずかしくなるので、自分が勉強し、教えるのにはつらくなっていく、と彼らは考えているのである。

大学の理科教育の中でも「かしこさ順」は存在する。それは、教科の中に算数の勉強がたくさん含まれる順であり、物理・化学・地学・生物となる。逆にいえば、下位にいくほど暗記するだけでよい部分が多くなると学生たちは考えているらしい。暗記する「だけ」なら高校時代に取った杵柄でやっていけるだろう。そう考えると「生物」は理科の中で一番楽！　先生予備軍がこのような思考回路をもっていては、生物学が偏見から脱却するのはかなりむずかしい。そして、そのような偏見は、大学自体の生物学の研究者世界における生態学の地位にもつながっている。

たまたま「落ち着いて将来を洞察できる人々」が地球規模の汚染によって人類の生存が脅かされそ

うなことに気がついたため、あるいは、たまたま「〝自分は優しい人間〟だと自負した人々」が比較的金持ちであったためか、現在、「環境」や「生態学」という学問の地位は、世界的にみると、低くはない。生き物（たち）の「保護」や「保全」、「管理」が世界の至るところで理解されるようになったのは、彼らの活動の賜ではある。しかし、前者の人々ならまだしも、後者の人々で「生態学は冷徹な学問」であることを理解している人は少ない。そして、わが国における普通の人々の生態学の定義に対する知識水準は、そこまですら到達していないようである。

熟語

学生たちは四字熟語になじんでいる。履修申請、単位取得、再試不可、集中講義、などなど数え上げればきりがない。このように漢字を四つ並べた四字熟語では、一文字ずつの漢字がもつ意味を四つも併せて意味をもたせるのだから、短くても複雑な趣旨が的確に表現されているはずである。ただし、学期末に受け取る成績一覧表において、不可と評価された授業科目の隣に示される熟語は、三文字の「再試可」か四文字の「再試不可」という文字列であり、一文字分の長さの違いは、漢字を読み進める前に視覚的にわかってしまう。成績発表時における四文字の熟語は、学生たちを一瞬にして地獄へ突き落とす悪魔の使いなのである。

日本語の発声の調子のよさである五七五にも関係するのか、四文字の熟語は三文字の熟語より、文章中にちりばめても、声に出して読んでも、すわりがよい。五文字の熟語は長すぎて、三文字の熟語は短くてすわりが悪く、読みにくいのではないだろうか。この項では、できるだけ熟語を使ってみるので、何文字の熟語が目に優しく、直感で理解しやすいのか体験していただきたい。

どうやらわれわれ日本人は、祇園精舎という四字熟語が目に入れば、沙羅双樹の木の下で座禅でも組んで諸行無常という四字熟語を頭に浮かばせ、鐘の音を聞いた気分になれるようである。ひょっとすると、勝ち組をうらやんで盛者必衰と心の中で毒づく修行の足りない人もいるかもしれない。さらに、漢文の授業の影響からか、わが国には四字熟語のことわざや故事来歴も多く伝わっている。

生態学においても四字熟語は多い。草食動物、肉食動物、物質循環、二次遷移、生存曲線、密度効果、などと簡単にあげることができる。それらの言葉を、関連分野の別の熟語、消費者、捕食者、エネルギーの流れ、優占種、生命表、環境収容力、などと比べると、四字熟語のほうが、目で見た漢字のすわりはよい。「食う-食われる」関係で用いられる「食物連鎖」も、「食物網」よりなじみやすく、声に出しやすい四字熟語である。

食物連鎖の概念を明確に示したのはエルトンといわれている。カナダのツンドラ地帯踏査の経験をもとに、カンジキウサギとその捕食者であるオオヤマネコの個体群動態は、

ウサギが増えればネコが増え、ネコが増えればウサギが減り、ウサギが減ればネコが減り、ネコが減ればウサギが増える、ウサギが増えれば……、で最初に戻る

という「食う-食われる」関係による周期的な変動があったという。ただし、エルトンが実際に用いたデータは、カナダのハドソン湾会社が、先住民のイヌイットに獲ってこさせた毛皮のイギリス本国

への出荷伝票をまとめたものである。
ネコに食べられるウサギは植物を食べるので、
　植物-ウサギ
という「食う-食われる」関係も存在することになる。この関係は、
　植物が増えればウサギが増え、ウサギが増えれば植物が減り、植物が減ればウサギが減り、ウサギが減れば植物が増え……
となるだろう。植物とウサギの数の増減は、ウサギとネコの数の増減と同様の周期的変動を示すはずである。ただし、植物の現存量は、ウサギが食う量と比べればはるかに大きいことや、植物はウサギだけに食われるわけではないことなどにより、ウサギとネコにみられたようなはっきりした増減の対応関係は生じない。しかし、いずれにしても、植物の数の増減はウサギの数の増減を経由してネコの数の増減へと連鎖的に影響を与えていくので、これら三者の関係に対して「食物連鎖」という言葉を用いて表現することは、当時の状況を考えれば適切であった。

教科書において説明される「食物連鎖」は、生物群集の機能として説明される緑色植物（生産者）‐草食動物（一次消費者）‐肉食動物（二次消費者）‐……という関係を示し、生態ピラミッドやエルトン流生態学的地位、生態系内の物質循環とエネルギーの流れなどの理解をしやすくさせてきた。また、生物濃縮の考え方も食物連鎖という概念が基礎となっている。そして、この「連鎖」という漢字は一本道を示していた。

エルトン以来のさまざまな研究によって、野外で生活している動物についてみられる「食う‐食われる」の関係は、一つの種が多種を食い、一つの種は多種に食われるのが普通であることがわかってきた。そもそも肉食動物は、生まれたばかりの一ミリにも満たない餌動物よりは、ある程度成長して大きくなった個体を襲って食べている。もちろん、口の大きさに合わせて、大きすぎる個体を狙うこともないだろう。すなわち、捕食者は、効率よく栄養をとるために餌を選り好みしているのであり、種と種の関係を考えた場合、単純な「食う‐食われる」関係とはならないのである。そればかりではない。直接的な「食う‐食われる」関係に加えて、間接的な関係のあることもわかってきた。ある一定の地域に存在している生物群集を構成する種の間に生じている「食う‐食われる」の関係は、エルトンの時代に考えられていたよりもはるかに複雑な生物の相互関係があったのである。

たとえば、オオバコの一種とその葉を食べるヒョウモンモドキという蝶の幼虫の関係は、単純な食物連鎖の関係にはなっていない。オオバコの葉を食べるのはその蝶の幼虫だけではなく、三種ものゾウムシの幼虫がいたのである。蝶の幼虫が葉を外側から食べていくのとは異なり、ゾウムシの仲間は葉の柔らかいところから食べ始めるので、結果的に、ゾウムシの幼虫に食べられた葉にはたくさんの穴が空いてしまう。いずれにしても、これらのゾウムシの仲間が多くなれば、蝶の幼虫の餌となるべき葉の量は減ることになる。その結果、餌不足となって弱ったり、飢え死にしたりする幼虫も生じるので、羽化してくる蝶の数は減少するだろう。しかし、蝶の幼虫が減ってもオオバコがただちに増えることはない。ゾウムシたちがいるからである。

じつは、オオバコの葉を食べる三種のゾウムシにはそれぞれの種に対応する寄生蜂がおり、寄生率が高ければゾウムシの幼虫の数は減ってしまう。その結果、オオバコの穴あき葉は少なくなり、蝶の幼虫は餌不足にならない。ところが、ゾウムシの幼虫の寄生蜂に寄生する寄生蜂がいるので、ゾウムシの幼虫の寄生蜂の寄生蜂が増えればゾウムシの幼虫の寄生蜂が減ってゾウムシの数が増え……、というややこしい関係になっている。

蝶の幼虫にも寄生蜂が何種かいて、彼らの働きにより幼虫の数は減るが、それらの寄生蜂に寄生する寄生蜂もいるので、事態はさらに複雑になってしまう。したがって、これらの関係から特定の種だけを取り出して「食う–食われる」関係をつなげれば食物連鎖といえるが、全体をみれば、オオバコを出発点とした「食う–食われる」の関係線はどんどん分枝し発散していくことになる。このようにみると、食物連鎖というには少々無理があるだろう。

トンボのように水域と陸域を股にかけて生活している種を主体とした生物群集を考えると、単純な食物連鎖など、どのような角度からみても認められない。幼虫（ヤゴ）の時代、ほとんどの種類のトンボは水中生活者であり、水生動物の間にみられる「食う-食われる」関係に組み込まれている。その関係とは、種にかかわらず、大きな個体が小さな個体を食べてしまうという体格依存であり、結果的には、共食いとなる場合も多い。

孵化したばかりの小さなヤゴは、小魚をはじめとする多くの水生脊椎動物や水生無脊椎動物の餌という立場である。ところが、そのような危険を逃れて成長し、今まで自分を襲っていた動物たちよりも体格が大きくなってくると、逆に、彼らを餌とするようになっていく。したがって、この種がこの種に食べられるという一方向の食物連鎖はありえず、時と場合によって「食う-食われる」関係が逆転するので、これらを図示すれば網の目のように入り組んでしまい、正真正銘の食物網となっている。

一〇〇年前のエルトンの時代ならいざしらず、現在では、単純な食物連鎖が自然界に存在しないことは自明である。もし単純な食物連鎖しかなかったら、ほんの少しの気候変動で植物が増えたり減ったりするので、ただちにそれを食う個体群が大発生したり絶滅したりするだろう。そうなれば、ドミノ的に、それに繋がる「食う-食われる」関係の種個体群が壊滅するので、その生物群集はたちどころに崩壊してしまうに違いない。

現在、地域個体群の大変動が観察される場所は、害虫が大発生を繰り返す農耕地を除けば、気候要因などの非生物的環境が厳しい場所に限られている。このような場所は、極地方や高山帯、砂漠などに多く、生活するには形態学的・生理学的な適応が必要であり、そこで生活できる種の数は少ない。

したがって、食物網は比較的単純となり、食物連鎖的な「食う-食われる」関係が出現しやすいといえる。一方、わが国のように温和な気候条件をもつ温帯や熱帯では、ある一つの物理的空間に多数の種が同時に生活しているので、複雑な食物網が生じており、個体群の大変動はめったにみられない。食物網という言葉の底に流れている思想は多様な種の存在なのである。

天敵

「食う-食われる」関係の理解において、「敵」と「天敵」という言葉は、しばしば混乱して用いられ、誤解される用語である。具体例をあげよう。アフリカの草原で草を食べている一頭のトムソンガゼルの雄にとって、「敵」は同種他個体、たいていは同種の雄であり、一方、「天敵」はその雄を襲って殺す捕食者である。普通の日本語の用法で、前者を天敵と表現することはないが、後者は敵といいかえられることが多い。テレビでは「……このようにトムソンガゼルは敵に襲われ、厳しい自然界の掟＝弱肉強食にさらされているのです……」

なんていうナレーションが平気で入れられている。

トムソンガゼルの雄にとってみると、なんの敵対行動もとっていないのに捕食者は襲ってくるのだから理不尽である。それを「敵」と定義して憎んでも悪くはない。しかし、捕食者の側に立ってみれば、憎くて、襲い、殺したのではなく、腹が空いていたときに、襲って食べるのに都合よい場所にトムソンガゼルの雄がいたからにすぎないといえる。結果的に「殺して食べ」るという一方的な「食う-食われる」関係において、捕食者を「敵」と名づけてよいのだろうか。

平安時代の終わりごろ、源頼朝の敵は父を殺した平清盛であった。平清盛にすれば、源氏の統領となった頼朝を殺さねば、いつ平氏一門の世をひっくり返されるかわかったものではない。命乞いする周囲の願いを聞き入れて殺さなかった結果、長じた後、平氏一門に対する強敵となってしまったのが頼朝なのである。

保元・平治の乱では一族・一門の中で敵味方が混乱していたものが、ここにおいて、源氏一門の敵は平氏一門であり、平氏一門の敵は源氏一門とすっきりした。とすれば、「敵」の定義は、相手グループを殺すか相手グループに殺されるかという双方向の問題といえるだろう。したがって、「理想的な敵」とは、彼我のパワーが伯仲しており、どちらも、殺す側にも殺される側にもなりうるということにある。

この精神は近代の戦争にも続いているようで、武器をもった軍人どうしが殺し合いをする「戦闘」は容認されても、軍人が非武装の民間人を殺すと「殺戮」とか「虐殺」という言葉に変わり、「戦争犯罪」と非難されるようになった。とはいえ、非戦闘員である民間人を対象とした無差別爆撃は、ナチスドイツばかりでなく、日本軍の重慶爆撃、連合軍のハンブルグ爆撃、アメリカ軍の東京大空襲、原爆投下、と数え上げればきりがない。もっとも、これらの中で、負けた国の司令官の戦争犯罪責任は糾弾されても、勝った国の司令官が糾弾されないのは、人道主義は国際間のパワーゲームに対して無力であることを示している。

日本語では「敵」という一つの言葉が用いられても、英語では、憎しみをもつ敵とスポーツの相手となる敵では異なる言葉が使用されている。したがって、わが国において、各種の団体スポーツで用いられる「敵・味方」や、戦国時代における「昨日の敵は今日の友」という表現は、自分と相手がほぼ同格で、「心ならずも敵味方に分かれている」同胞であるという意識が底にあるのかもしれない。ただし、その同胞の定義は、同じ言葉をしゃべる相手でも、同じ人種でも、人類全体でもよく、時と場合によって異なってくる。しかし、少なくとも同様の手段を用いて反撃できる力をもった相手が「敵」とみなされている。

現代の生態学において、トムソンガゼルの雄のような例では、自己の子孫を残すために目前の雌をめぐってほかの雄と競争するとき、その雄はライバルといわれるようになってきた。まるで「スポーツの対戦相手」のように表現されるが、その相手となる雄は「真の敵」である。

普通の雄間闘争では、どちらの雄も遺伝的に組み込まれた行動パターンによって振る舞うことが多い。われわれ人間のような第三者からみると、儀式と名づけられるような特別な振る舞いの様式まで観察されている。すなわち、これらの闘争行動はなりふりかまわぬ殺し合いではないため、われわれには「種内での殺し合いはみられない」のである。しかし、それによって負けた個体は雌と交尾できず、自己の子孫を残せない。自分が殺されるわけでもなく、子孫繁栄という競争において、子孫が直接殺されるわけでもないが、間接的には、それと同等かそれ以上の悪影響を被るのである。もし、これらの動物たちに感情があるなら「憎しみ」をもってもおかしくない。逆に、自分が勝てば、相手の個体の子孫を未来永劫絶滅させたことになる。したがって、種内競争におけるライバルは生存競争における「真の敵」なのである。

このように考えると、「敵」という概念を「食う-食われる」関係の捕食者に適用することは正しくない。この関係は、捕食者が被食者を殺して食べるという一方的な関係だからである。原則として、被食者は捕食者を襲わず、殺さず、食うことはない。したがって、被食者が生を保てるのは、捕食者につかまらずに、逃げ回り、逃げ切った場合のみなのである。オオヤマネコはカンジキウサギの天敵にはなれても敵にはなれない。

「バラの大敵・アブラムシの駆除方法」などという宣伝があれば、たいていの人はうなずくであろう。きれいな花を咲かせてくれるバラを弱らせ枯れさせてしまうような奴らはわれわれ人類の敵である。われわれはバラの味方だ！　憎きアブラムシは根絶やしにしてしまえ！　となれば、「アブラムシは人類の敵」という用法はまちがっていない。われわれ人類とアブラムシが対等の攻撃力をもっているわけではないが、どちらも、バラに対する生殺与奪の力をもっているからである。したがって、われわれが慈しみ保護している「か弱いバラ」を介して、たがいに「敵」とみなせるといえるかもしれない。

「アブラムシの敵・ナミテントウ」という表現をうがって解釈すると、バラの汁を吸って平和に暮らしている？アブラムシの世界に乱入する憎きチンピラ・ヤクザ・愚連隊という悪役がナミテントウとなる。ただし、バラを中心として考えると、バラがアブラムシと対等に渡り合えるわけではなく、アブラムシもテントウムシと対等に渡り合えるわけではない。しかし、アブラムシがテントウムシに一方的に食われてしまえば、バラから一方的に収奪するアブラムシが減るので、バラにとってよいことになる。「敵の敵は味方」といえよう。ここで用いられる「敵」という言葉は、食われる側に思い入れのある言葉といえる。

「アブラムシの天敵・ナミテントウ」という言葉は、生態学における「食う-食われる」関係の捕食者がテントウムシであることを中立的に示している。もっとも、アブラムシは草花の害虫であるという予備知識があるため、「敵」は敵でもテントウムシは「よい敵」であり、「天敵」といわれれば、われわれ人間のよき友だちと感じる言葉になるかもしれない。しかし、アブラムシ-ナミテントウの関係と同じでありながら、トムソンガゼルと捕食者・ライオンの関係となると、感情移入の程度によって「敵」と「天敵」は大きく異なってしまう。平和な草食動物?トムソンガゼルを襲って殺し、血だらけになった生肉をむさぼり食う「凶暴」なライオン。「敵」ではなく「天敵」とすれば、まだ、少しは落ち着いて生命の営みを考えるようになれるかもしれない。

評価

かつて「行動」という言葉は「生態」という言葉と混乱して使われてきた。それらに「logos＝学問」という接尾語がつくと、さらに混乱はきわまって、今でも、これらの言葉は正確に理解して使用されていない。「夜の看護婦の生態」と聞いてニヤッとするあなたは……。「準夜」や「深夜」勤務で病棟をめぐって患者の世話をし、休む間もなく日勤をするわが国の看護師の劣悪な労働条件を思い浮かべるあなたは……。「学」がついているかいないかの違いだけで、日本語の醸し出す印象のなんと多様なことか。もっとも、これらに相当する英語もかつては混乱して使用されていたらしいが、一応の区別があったようである。そして、それぞれに対応した日本語も、今、ようやく整理がついてきた。

一九世紀まで、「野外の動物の生き様」の観察は、「博物学」の一分野として、生き物の「おもしろい」振る舞いや生き物の「超能力！」の記載に熱心であった。ファーブルは昆虫類の振る舞いの記載に熱心であっただけでなく、簡単な実験を行なって、振る舞いのメカニズムにアプローチしている。わが国でよく知られている「ファーブルの昆虫記」を読めば、彼の観察眼は確かであり、現在のような観察機器がほとんどない中で、忍耐強く観察したことは驚異的であったといえよう。

ファーブルの行なった野外実験は、見かけ上は単純なものが多かった。たとえば、羽化したばかりの蛾の雌を籠に入れて軒先に吊るしておくというもので、翌朝、その籠のまわりには、同種の蛾の雄が何匹か集まっていたというものもある。これらの雄の中には、印をつけられた個体がいたという。じつは、前日に、ファーブルの館から風下にかなり離れた林の中に、たくさんの印をつけた雄が放されていたのである。遠く離れた場所から、雄の蛾は、軒先に吊るした籠の中の雌なんてみえるはずがない。しかも暗い夜である。したがって、雌がなんらかの匂いを出し、それに雄が引きつけられて飛んできたのだと結論づけたのである。この話にはいろいろな後日談や批判があるものの、現在のフェロモン研究の先駆けとして、評価できるだろう。

雌が雄を呼び寄せるフェロモンは性フェロモンと呼ばれるようになった。普通、雌は性フェロモンを垂れ流しに放出するのではなく、われわれがタバコの煙を吐き出すように、塊で放出している。フェロモンという煙の塊は、気流に乗って、ゆっくりと薄く拡がっていく。雌に比べてはるかに複雑な形をした雄の触覚の構造は、漂っているフェロモン分子を一つでも引っかければ感知することができるそうである。夕方になって、ランダムに飛び回る雄がフェロモンの塊の雲に突っ込むと、風上に向かって一直線。雲を抜け出すとまたランダム飛翔。もっと濃いフェロモン雲に突入して再び一直線に飛び、最後は目で見て雌を確かめて、さあ交尾、というのは、現在までにわかってきた話。

二〇世紀に入ると、物理・化学の発達が、生物学を物質を基礎として研究する還元主義的方向へ加速させてしまった。そのため、「一例報告にすぎない野外観察などは研究ではない」という偏見が蔓

延し、野外における研究は農学などの応用面からしか評価されず、「崇高な」基礎生物学よりも一段低くみなされるようになって現在に至ったのである。塵一つない実験室で透明なガラス器具に囲まれながら白衣を着て試験管を振り、化学反応式を操ったり電子顕微鏡を操作したりして「バイオテクノロジー」といったほうが格好よく、夏の炎天下、蚊やブヨに襲われながら、腰手拭いで長靴を履き、泥だらけになりながら観察するのは野暮ったい。しかし五〇年ほど前のわが国で、唯一、個体レベル以上の生物学で、国際的なアイデンティティを確立していたのは個体群生態学だけであったといわれている。その理由は、一般の生物学者には理解できない統計や算数を操っていると皮肉られたものの、今のNatureに匹敵するようなインパクトファクターの高い国際誌を発行していたからだという。ただし、農学系の日本人の投稿

論文が多かったためか、結果的に、日本の基礎生物学界において、個体群生態学の評価は低かったようである。

回天

生物学が分子レベルの研究を指向し、博物学が邪険に扱われていく中でも、動物の振る舞いの研究は細々と続いていた。「刺激–反応」の機構を、神経系の興奮伝達や筋肉の動きの分子モデルで説明するという「白衣を着た」生物学にすり寄ったからである。古い教育を受けた人々は「生き物の振る舞いは神経生理学によってすべて理解できる」と信じているらしく、二〇一二年に改定される予定の新しい高校生物の教科書に対し、その内容の指針となる学習指導要領においても、これが強調されている。

一九世紀以来、ヒトに近い哺乳類の振る舞いを研究するグループは、「ヒトは特別」であることを証明しようと躍起になり、心理学と共同で、専らヒトニザルの能力の限界を測定していた。その方法は「チンパンジーの知恵試験（このタイトル自身が上から目線的）」で代表されるように、檻の中のチンパンジーにバナナを与えるとき、手の届かない場所にバナナを置いて、どのように工夫して手に入れるか、そのとき身近にある物体を道具として用いることができるか、洞察力があるか、などを観察するのである。このような室内実験は、チンパンジーだけでなく、さまざまな種類の動物で行なわれた。また、同種の個体どうしの振る舞いの観察結果から、（定義には議論の余地があるものの）どの動物にも「社会」のあることが認められるようになった。一〇〇年前の学問は先進的だったのである。ただし、前提として、「その社会の進化の頂点を極めたのがヒトである」と決めつけてから研究を開始したのは勇み足であった。

二〇世紀の半ばを過ぎるころになると、動物の振る舞いの「意味や役割」を考えることが重要であると主張されるようになってきた。もちろん、そのための物質的基盤は存在する。神経伝達や細胞膜電位の構造と機能が解明されたり、フェロモンの存在が知られるようになったりすると、一つの刺激に対して一つの反応しか示さない昆虫類の振る舞いは、絶好の研究対象となったのである。

光や熱、紫外線、糖濃度、塩濃度など、あらゆる刺激物質が、それに対応した昆虫類の反応として検査された。その結果、セイヨウミツバチの社会構造と、その構成員の大部分を占める働き蜂の振る舞いについて、物質的な基礎がフリッシュによって研究され、ノーベル賞が与えられたのである。花粉や花蜜を採取した働き蜂が巣に戻って行なう八の字ダンスは、その角度や速度で花のある方向と距離をほかの働き蜂たちに伝えている。この研究成果は高校生物の教科書に載せられ、センター入試や個別試験に、趣向を変えながら、何回も出題されてきた。このような働き蜂の振る舞いは太陽コンパスや体内時計を基礎としている。また、花弁などにおける紫外線の反射を利用して、花の蜜腺を捜しあてているという発見は、その後の昆虫-植物の相互進化という研究の出発点にもなった。

一方、ローレンツは、徹底的に野外の生き物の振る舞いを観察し、彼らとともに生活し、観察記録の集積から振る舞いの一般論を導いた功績でノーベル賞を得た。彼の著書である『ソロモンの指輪』

は、何者にも縛られない動物の振る舞いの観察がいかに重要であるかを強調しながら、平易な文体で学問体系を確立している。日本語訳の巧みさも手伝って、わが国では、いまだに読者層を拡大している古典といえよう。ハイイロガンの観察から「刷り込み」をはじめて実験的に証明し、わかりやすく解説したのも『ソロモンの指輪』であった。

フリッシュやローレンツとともにノーベル賞を受けたティンバーゲンは、ローレンツと対照的に、室内や野外でモデル実験を繰り返した。その対象生物は、蝶や蜂などの昆虫類から、魚、鳥、哺乳類にまで至る。彼は、自然界では受けることのないような刺激を人工的につくりだし、それに対応した振る舞いから、動物たちが受け入れている信号刺激を特定した。たとえば、なわばりをもっているトゲウオの雄は、向こうからやってきた同じくらいの大きさの魚をライバルかどうか判断して、攻撃するかどうかを決めていたのである。そのときの基準は、トゲが何本背中に生えていて、大きな口を開けている……なんてことではなく、たんに、流線型で腹部の下半分が赤いかどうかであったという。

「トゲウオはバカだ。ティンバーゲンが流線型につくり、下半分を赤くしただけの木製のモデルなんて、よくみなくとも、本物とはまったく違っている」といってはいけない。彼らの生活場所は水中である。いつも水が透き通って遠くまで見通せるとは限らない。水が濁っているときもあるだろう。そもそも、あんな小さな生き物が比較的高速で向こうから泳いできたとしたら、トゲが何本あるかなんて見極めようとしたときには、すぐそばまできてしまい、対決準備が間に合わず、やられてしまうに違いない。なわばり防衛の振る舞いには即断即決が必要なのである。したがって、いくつかの重要な特徴さえ押さえておけば、充分に対応可能といえよう。トゲウオに対して、流線型で体の下半分が赤色の木片をみせるなんていう意地悪ができるのは、人間だけなのである。

ティンバーゲンは、さらに、「刺激」と「反応」の間に介在する脳を挟んだ神経回路をブラックボックスとすれば、動物の振る舞いの機構は、どのような種であろうとも、本質的に同じ過程であることを証明した。そして、「刺激-反応」による「反応」自体がつぎの刺激となって、つぎの振る舞いが続いていくという「行動連鎖」をみいだして、ノーベル賞を得たのである。

ノーベル賞は今から一〇〇年以上前に制定された賞だったので、まだ充分に確立していなかった「個体レベル以上の生物学分野＝広義の生態学」は、その当時に設定された自然科学の部門に入っていなかった。しかし、ローレンツら三人の業績は無視しがたかったらしく、「医学・生理学賞」として一九七三年に三人が同時に受賞したのである。その後、現在に至るまで、広義の生態学の研究で受賞した研究者は一人もいない。もっとも、この二〇～三〇年の間に、ノーベル賞に対抗するような賞がたくさん創設されて、これらでは、意識的に広義の生態学者（環境問題と絡めて）の受賞者を増やしている。日本政府の「生物学賞」や稲盛財団の「京都賞」、旭硝子財団の「ブループラネット賞」などは、金持ち日本のお遊びではなく、それなりに権威をもち、世界的に評価されるようになってきた。

ノーベル賞は、ワトソンとクリックや島津製作所の田中耕一さんのように、すばらしい発見や業績が評価され、若くてもただちに与えられるということはめったにない。むしろ、長年にわたって築きあげてきたすばらしい研究業績を評価する意味合いが色濃く出ている。ローレンツらは、その理由で受賞した。その結果、動物の振る舞いの解析の方法論は定型化され、学界の中で「野外観察」という学問のスタイルが市民権を得たといえよう。しかしそれは、その学問の進歩がピークを超え、衰退し始めた兆候でもあった。

注意深く読んでいただいた読者は、ここまでで、動物の「振る舞い」とか「生き様」と書いても「行動」という言葉をほとんど使わなかったのに気づかれたと思う。じつは、ローレンツたちがノーベル賞を受賞する九年前に、動物たちの生き様の解釈を根底からひっくり返すような研究が現れ、一九七〇年代早々には、それの一般向け解説書（たとえば『生物＝生存機械論』、改題されて現在は『利己的遺伝子』）が多数刊行されつつあったのである。これをもって「生物学に革命」が起こったという。

この新しい学問こそが「行動学」であり、生理学や心理学、遺伝学、分子生物学を貪欲に取り込んで、時と場合によって「行動生態学」や「進化生態学」、「社会生物学」と名を変えて現在に至った。ここにおいて、「行動」とは、動物の動きがその個体の生存や繁殖などに意味づけられる場合を指すと定義されるようになったのである。これに対して、ローレンツらの学問は、「習性学」と呼ばれることが多くなった。彼らのよって立つ基盤は「行動の神経生理学的機構」の解析であり、方法論はファーブルらを出発点とする「古典的動物行動学」を出発点としているので、古くは生理・生化学、今では遺伝子を解析するという伝統的な生理学を包含している。しかし、だからといって、古典的動物行動学の業績のすべては否定されない。いや、むしろ彼らの観察した膨大な動物の「習性」の記録があったからこそ「現代の行動学」が発展してきたのである。ローレンツらの果たした役割は大きかった。

功罪

マックス・プランク行動生理学研究所というドイツ（当時は「世界」と同意義）におけるその学界の最高峰の所長となったローレンツは、ほかの二人のノーベル賞受賞者（フリッシュとティンバーゲン）と比べると、まったくといってよいほど「現代流の科学論文」を書いていなかった。彼をよく知る日高敏隆によると、ローレンツの論文は叙情的で、観察記録的で、数値や統計的検定などはどこにも出てこないのが大半であるという（彼の論文のほとんどはドイツ語で書かれており、私は一本しかまともに読んだことのないことを白状しておきます）。しかしそれでも、彼の学問はほかの二人よりはるかにスケールが大きかった。

ローレンツがつくったといっても過言ではない“Ethology”という学問は、今では“Behavior（行動学）”と区別されて「習性学」と訳されているが、当時は「行動学」として認知されていた。もちろん、「習性＝生き物の振る舞い」は「行動」の一側面なので、振る舞いの研究は「広義の行動学」ではある。しかし、両者の違いをしっかりと認識せずに、わが国ではEthologyを無意識的に「行動学」と訳してしまったため、さらに混乱を引き起こしてしまった。

とはいえ、ローレンツはEthologyという学問を確立して、それまでの博物学から決別し、「動物の振る舞いの研究」を近代科学の一員に引き上げるのに成功したのである。当時の欧米においても、「博物学」は、わが国のような偏見をもたれてはいないものの、「蝶や花を愛でるだけ」なので「近代の自然科学ではない」とみなされていたらしい。

われわれ人間はほかの動物の意識の中に入っていくことができないので、一個体の動物の振る舞いとその結果は外から眺め、それらの観察の積み重ねから、その振る舞いの意図を解釈せねばならない。ローレンツらは、そのような振る舞いが「内的な衝動」と「外部からの刺激」で解発されることを明らかにした。そして、解発されるのは「先天的に脳の中に組み込まれた行動パターン」であり、われわれはその現れとしての「振る舞い」をみているにすぎないと喝破している。したがって、動物の振る舞い（≠行動）は本質的に二つの種類しかない。遺伝的・先天的である「生得的行動」と後天的な「学習行動」である。

ローレンツによるガンカモ類における「刷り込み」の発見は、その後、後継者たちにより、ヒトを含めて、ほとんどの鳥類と哺乳類に多少とも認められることが明らかにされ、広く流布するようになった。この概念を突き詰めたとき、「人間とは動物とまったく異なる崇高な生き物」と無邪気に信じる大多数の人々にとって、恐ろしい哲学的結果が得られてしまった。しかし、ほとんどの人は、それに気がつかない〈のは幸いであるかな?〉。ただし、「刷り込み」はさまざまな生得的行動のほんの一部にすぎず、どちらかというと、生得的行動の特殊な例といえる。したがって、一般的な生得的行動の研究は、鳥類や哺乳類よりも、一つの刺激に対して決まりきった行動しか示さない昆虫類で発展してきた。調べれば調べるほど、「あたかも機械仕掛けのように……」昆虫類の振る舞いは「定型化」されていることがわかったのである。

ローレンツは「行動の解発機構」を「水力学的モデル」で説明した。家庭用の生ビールのアルミ製の樽のようなものを思い浮かべてもらいたい。上から水が少しずつ入れられていき、下部の排水口は、蛇口ではなくたんなる栓になっているとしよう。ここで、栓が抜けて、タンクにたまった水がほとばしり出るという状態を「動物の振る舞い」の発現とみなすのである。その栓が抜けるためには、栓を抜くための錘とタンクにたまっている水量が関係する。前者は刺激、後者は衝動であり、錘の重さが刺激の強さに、水位の高さが衝動の強さに対応している。栓には錘を引っかける構造があり、それは鍵と鍵穴の関係にあるので、適正な形をした鍵（刺激）でないと、錘は栓に引っかからない。

タンク内の水位が低いとき――すなわち衝動が弱いとき――に水を出すには、重い錘――すなわち強い刺激――が必要である。逆の場合に水を出すには、軽い錘――すなわち弱い刺激――で充分である。再びティンバーゲンのトゲウオの実験を例にあげよう。普通、婚姻色となった雄は、なわばりをつくり、そこへ侵入しようとした魚は、体の下半分が赤いことでライバルと認識し、攻撃を加えている。ここでライバルの雄をすべて取り去ってしまうと、なわばりをもった雄は、相手がいないので、なわばり行動としての攻撃を行なえない。攻撃したい衝動はどんどんと高まり、ライバルの雄ではなくても、腹の下が少しでも赤い魚をみつけると、喜び勇んで？攻撃してしまう。

なわばりをつくったばかりの雄の場合、攻撃衝動は充分に高まっていない。ところが、このとき、通常よりも毒々しい赤い腹をもった魚に対しては、攻撃行動が解発されてしまう。ローレンツの水力学モデルは、このように、動物の振る舞いと外部刺激の関係をたいへんうまく説明し、さらに、神経生理学的な振る舞いのメカニズムの研究結果とも矛盾しなかったのである。なお、本来ならば解発されないのに「通常よりも毒々しい赤」という異常な刺激で行動が解発されるとき、この刺激を「超刺激」という。

自然界においてみられる超刺激を利用した動物の行動は、托卵性の鳥の雛で認められている。養い親の実子よりも、大きくどぎつい色をした口や大きな鳴き声は、養い親を引きつけ、給餌せずにはいられなくさせるらしい。しかし、われわれ人間は、それを笑ってみることができない。デズモンド・

モリスは、アメリカ海軍の軍艦内で、水兵の居住区に貼りつけてあったビキニ姿の美女のセクシーなイラストを示した。そこには、生身の人間よりもはるかに長い脚が描かれていたのである。

水力学的モデルは、動物の振る舞いにおける「刺激-生得的行動」の対応関係を説明してしまった。とすると、生得的行動は「脳の中に遺伝的に組み込まれている」のだから、そのメカニズムをどんどん細かく解析していけば、最後はＤＮＡに行き着いてしまうことになる。そうなれば、動物の振る舞いなんて遺伝子に支配されているだけで、個々の動物の自由意志による味つけはないかもしれない。

動物の振る舞いの意味づけを「本能」という擬人的な言葉でブラックボックス的に片づけてきたやり方は、ローレンツたちの生得的行動の発見により崩れてしまった。そもそも「本能」という言葉はさらなる思考を停止させる幽霊であり「呪文」である。しかも、「人間の理性」と対極の意味をもつことから、「人間のみが崇高であり自由な意志で行動できる」という傲りが潜んでいた。試みに「＊＊本能」の「＊＊」の中に言葉を入れてみると（種族維持、母性、……）、人間の傲慢さが認識できるだろう。ローレンツは「本能」という呪文を葬り去ったのである。それにしても、わが国では、いまだに「＊＊本能」という言葉がまかり通っており、「古典的動物行動学」以前の知的水準状態が続いているのは情けない。

昆虫類ではなく鳥類や哺乳類の振る舞いの研究例が蓄積されるようになると、水力学的モデルは破綻をきたすようになってきた。『ソロモンの指輪』で紹介された「宝石魚」の子育ての例によると、子どもを口にくわえて巣へ戻ろうとした雄は、目の前のイトミミズを思わずくわえ込んでしまったとき、いったん両者をはき出して、一つずつ順番に処理したという。なお、上野動物園でかつて飼育していたパンダに対して、好物の竹を差し出すと、まず右手（右前肢）でつかんで食べ始めたので、もう一本差し出すと、今度は左手（左前肢）で受け取った。そこでさらにもう一本差し出すと、困った顔になって（パンダにも表情があるそうな）固まってしまったそうである。

ローレンツらのノーベル賞受賞以来、多くの動物において、刺激‐反応の記載が集積されるようになってきた。その結果、振る舞いのモデルは、水力学的モデルから「ジュークボックス・モデル」で説明されることが多くなった。刺激とは適正な種類と適正な数のコインを入れることを意味する。振る舞いの発現は「音楽の演奏」である。すなわち、一つの刺激に対して、個々の動物が、時と場合によって、ジュークボックス内に納められているいくつかの曲（＝振る舞いのレパートリー）の中から一つ選べるのである。

もちろん、昆虫類は、原則として一つの刺激に対して一つの決まった振る舞いしか解発しないので、ジュークボックスの中には一曲しか入っていない。しかし、子育て中の宝石魚の雄は一つの刺激に対して二曲はもっていたといえる。ニホンザルならそれが一〇〇曲を超えているかもしれない。とすると、ヒトは一万曲をもっているだけかもしれず、もしそうなら、ある一つの刺激に対して、われわれは「自分の意志で自由に振る舞った」と思っていても、じつは「脳の中に遺伝的に組み込まれていた一万曲の中の一曲を選択した」にすぎないことになる。この考えをさらに推し進めれば、「振る舞い」において、ヒトとほかの動物の間に明確な断絶はなく、たんに、遺伝的にもっている曲の相対的な数の差でしかなくなってしまう。

ローレンツはさらに、オオカミとハトという有名な例を引き合いに出した。前者は獰猛な肉食動物であるものの種内では紳士的に振る舞い、後者は平和の使徒とされているものの、状況によっては、種内で相手の目をえぐり出すような（人間からみれば）残忍な殺し合いをすることがあるという。しかし、人間の倫理観を排除し、「脳の中に遺伝的に組み込まれた行動パターン」を理解すれば、異常な環境条件に置かれた場合を除き、「種内で殺し合いをする動物は、ヒトを除いてただ一種もいない」と、ローレンツは結論づけたのである。

この結論は古典的動物行動学を基礎とすれば論理的であり、根拠としてあげられたさまざまな動物の習性やその発現メカニズムは、現在に至っても嘘ではない。哺乳類などの子どもをみて「カワイイ」という感情が解発されるのも、「脳の中に組み込まれた行動パターン」の発現結果なのである。そして、この結論に、自分自身は棚に上げても「人類愛」を説きたい人々が飛びついた。

カワイイという振る舞いが解発される刺激は、小さくて丸っこく、つぶらな瞳をもち、鼻にかかった声でクンクンと鳴く、という三点セットがそろうと強力だという。ローレンツは『文明化した人間の八つの大罪』という著書の中で、「子犬や子猫をみてカワイイという感情のわき起こらない人間がいたとしたら、そういう行動を解発させる遺伝的行動パターンがその人の脳の中に組み込まれていないことを意味し、それは動物行動学的に異常であり、そういう人の子孫が増えると、子どもを殺すことに罪悪感をもたない遺伝子をもつ人が増え、人類が殺し合いをする確率が増えるから、彼らに子どもをつくらせるべきではない！」と叫んだ。

指令

古来、男性という生き物は女性が好きであり、その逆も真であることになっている。そのためかどうか、世間的には「お堅い」といわれている学問の世界でも、その有様は世間様とまったく変わらない。国際会議の場であろうと国内の学会の大会会場であろうと、女性——しかも若い女性——のまわりには必ず男性研究者が群れている。論文を少ししか書いていない駆け出しの男性研究者は、だれからも話しかけられずにポツンと一人になってしまうのに、同じ状況の女性研究者なら、立っているだけで輪の中心となってしまう。だからといって彼女たちの優秀さが正当に認められていないことは、わが国で研究者のポストにめでたくありついた男女比をみれば一目瞭然である。

国際会議中の食事やレセプションなどの場では、同国人（や同色人種）の集まってしまうことが多い。結果的に排他的となるので、たとえば、アジア人は白人の群れに入っていけず、たぶん、その逆もある。しかし女性は例外であった。比較的男性の参加者が多い学会の場合、彼女らは人種や国籍を問わず輪になり談笑できる。もちろん、この群れは男性に排他的で、その輪の中によほど親しい女性がいない限り、入ることができないのは洋の東西を問わない。いずれにしても、ヒトは群れたがり、添いたがる……。

リーキーはアメリカの化石学者である。とくに類人猿や類猿人の化石の分類が専門だったらしく、

化石の頻出するアフリカ大陸に研究生活の場を置き、ヒトとヒトニザルの分岐点（当時はミッシング・リンクといっていた）を解明しようとしていた。彼は研究を進めていくうちに、骨の化石を用いて類人猿や類猿人を分類するばかりでなく、実際の生活史を想定すべきであり、そのためには、現世ヒトニザルの行動や生態を比較研究すべきであるという結論に到達したようである。しかしそれを自分自身で行なう余裕はない。しかも、当時の欧米における霊長類の研究は、リーキーからみると遅れていた。彼の頭には今西錦司の名前が浮かんでいたに違いない。

第二次世界大戦に負けた直後の日本は、科学技術の面ばかりでなく、生物学の研究でも世界の趨勢から遅れに遅れていた。金銭的に貧困で（蛇足現在は、精神的に貧困で！）、高価な野生生物研究用精密機械類を買うことはできない。敗戦国のため、海外への渡航は原則禁止となり、海外学術調査など夢のまた夢。そもそも円の為替レートがとてつもなく安かった（一ドル＝三六〇円固定）。このとき、戦前から海外のフィールド調査の経験のあった今西錦司が京都大学に戻ってきたのである。

当時の今西錦司は新進気鋭で「海外に出られないなら自前で」と、まず、九州南端近くの都井岬に生息していた野生馬の行動調査を行なった。つぎに、別府の高崎山で観光資源と両立したニホンザルの社会行動の研究に着手したのである。

今西錦司たちの研究が従来の欧米の研究と異なる点は、動物たちの振る舞いをできるだけ攪乱しないように、研究者はまず「ヒト付け」をした後に動物たちの間に入ったことと、観察動物を「個体識別」したことであった。分類学的にヒトに近ければ近い動物ほど脳は発達し、ヒトと同様の精神構造をもつようになると考えると、研究者自身が「餌付け」のようにして、自分自身をその動物たちに馴れてもらわねばならない。動物たちに、研究者（＝観察者）は空気のような存在で無害だと認識してもらいたいのである。

動物を捕らえて体に番号を書くような「個体識別」では、動物たちがヒトを恐れてしまう。そもそも、じっくり観察すれば、ヒトに近い動物であればあるほど「個性」を認めることができ、番号を施さずとも個体識別は可能である。研究者に親しみやすく覚えやすい個体識別法なら、日本名をつけるのが最良であった。その結果、ニホンザルに「一太郎」や「花子」というような名前がどんどんつけられたのである。近年は名前が出尽くしてしまった観があり、カタカナの名前も増えてきているが、残念ながら「ワード」や「エクセル」という名前はまだ聞いたことがない。

当時の欧米における霊長類の行動の研究は「チンパンジーの知恵試験」に代表される。類人猿はどれだけかしこいのかという実験心理学的な研究が主体で、いわば、優秀な人類が高みに立って類人猿を見下している構図であった。そのため、観察個体に「名前」をつける発想がなく、ニホンザルに名前をつけ「サルの人格？」を尊重したという研究には欧米が驚いたという。しかしそのおかげで、サルの群れには複雑な個体間関係があって、人間社会と比較できるような社会が形成され、ボス（リーダー、α雄）がいて、順位制がある、というような、今では高校の教科書に載っているニホンザルの社会構造が明らかとなったのである。

これこそがつぎの世代の野外研究であるとリーキーは確信した。彼はアメリカへ帰って各地で講演し、アフリカの森で霊長類を研究するボランティアを募ったのである。そのときの条件は、若くて、非動物行動学者であったという。前者の条件は、過酷なアフリカの環境に耐えながら野外調査を可能にする体力や精神力が必要だからである。後者は、これまでの欧米流の霊長類学に染まっていないという意味であった。動物を見下したり、番号でしか扱わなかったりという偏見をもたず、日本で開発されたような研究方法を素直に理解できる柔軟な頭脳をもって研究してもらいたかったらしい。その結果、二〇歳代前半の女性五人が集まってしまった。大学生だったり、看護師だったり、と出身はバラバラで、動物生態学や行動学の研究経験は皆無だったという。リーキーは、彼女らを一人一人別々の国の密林へたたき込んだ。

残念ながら、二人はすぐにつぶれてしまった。アフリカの奥地にたった一人の若い白人の女性がヒトニザルの観察に入ったのだから、無理はない。しかし、残った三人はすごかった。リーキーの期待に応え、数々の業績を残している。三人のうちグドールは、チンパンジーの道具の使用（シロアリ釣り）を発見したり、肉食行動を報告したりして、英国ケンブリッジ大学で博士号をとった（彼女はイギリスの秘書学校を卒業しただけで「大学卒」の資格を取っていなかったため、博士学位の取得まではかなりのすったもんだがあったらしい）。八〇歳を超えた現在でも、世界を駆け回って、チンパンジーやゴリラの保護活動に活躍している。

あとの二人、フォッシーはゴリラを、ガルディカスはオランウータンを精力的に研究した。しかし、フォッシーは内戦に巻き込まれて殺され、ガルディカスはゲリラに拉致されて行方不明のままである。いずれにしても、この三人は"Leakey's Angels"と呼ばれ、彼女らの活躍により、霊長類の社会が、想像していたよりもはるかにヒトの社会に近いことが明らかにされた。これらの観察結果をもとに、その後、ＤＮＡの研究の発展を利用してヒトニザルやサルの社会における血縁関係が詳細に調べられ、霊長類の社会生物学の発展の礎となったのである。

それにしても、彼女らはほんとうに一人で密林へたたき込まれ、一人で観察を続けたのだろうか。典型的なグドールのポートレート写真では、密林内を短パンにタンクトップ、首には双眼鏡という出で立ちで闊歩し、チンパンジーを観察している。映像記録によれば、大名行列さながらに、前後を二〇～三〇人の黒人のポーターに囲まれてキャンプ地へ向かったり、夕方キャンプ地へ戻ると黒人コッ

クによるディナーが用意されていたりと、「一人でたたき込まれる」という定義が日本と異なるようであった。ガルディカスにはつねに母親がつき添っていたそうである。このような表面的出来事からも、日本と欧米の「研究に対する姿勢」や「研究という文化」に大いなる違いがあるにもかかわらず、それに気づいた日本人研究者はたいへん少なかった。

梅棹忠夫は、野外調査における調査員の待遇について、欧米流の方法がベターであり、研究成果も上がりやすいことを理解していた数少ない日本人研究者の一人である。『東南アジア紀行』によれば、調査者の精神的肉体的条件を最高に保つ方策として、長期にわたるホテル住まいでは、ツインではなく、必ずシングルの部屋を用意したという。そして、欧米流の成果を上げた。

ヒマラヤ登山でも、欧米の隊なら一つのテントを一人で使用し、日本隊なら一つのテントで二人以上が雑魚寝、となるのは、今でもあるらしい。目的が「登頂」なら、一人で寝たほうが気力・体力は高まるだろう。したがって、目的が研究成果をあげることであるならば、研究者が研究以外の雑事にかまけることはできるだけ減らすべきである。大がかりな野外調査においてコックを同行するのは、欧米にとってはあたりまえの話であった。このような方針が「贅沢！」の一言で認められなかったという例は、日本の学術調査において枚挙にいとまがない。わが国は、まだ、過程と目的を冷静に理解できない精神的貧困の状況にあるのかもしれない。

第2章——生き物の盛衰

個体群の生態学

普通

生きとし生けるものすべてに神はいった「産めよ増やせよ地に満ちよ」と。しかし現実は甘くない。この世の始まりから、生き物たちは「いかにライバルを出し抜いてわが遺伝子を子孫にばらまいていくか」にしのぎを削るとともに、ほかの生き物の「いのち」を奪い、ほかの生き物から「いのち」を奪われてきた。その結果として、まわりの環境にもっとも適した体の構造と機能をもって振る舞える個体をつくれるような「遺伝子」をもつ生き物が子孫を残すことができ、今に至るまで連綿と続いてきたのである。

すべての個体が自分勝手に振る舞ったとしても、長い長い進化の歴史の結果、このような生き物の相互関係は、どれもこれも落ち着くべきところに落ち着き、絶滅すべき種は絶滅してしまった。した

がって、すべての生き物は、それぞれの生態系の中のどれかの「生態学的地位」に位置づけられるという説明は結果論である。「落ち着いた相互関係」によってつくりだされた「生態系の安定した構造」を、われわれはみているにすぎない。とすれば、産めば産むほど、子孫たちは種内においてライバル関係が厳しくなって子孫を残しづらくなり、種個体群としての個体数が増えれば餌は少なくなり、天敵にはみつかりやすくなって食べられてしまうので、増殖には自ずから上限が生じてしまう。したがって、普通は、地に満ちることができないといえる。

ヒトを除いた生き物は、原則として「食う-食われる」の関係から逸脱していないので、長期間存続してきた個体群においてみられる個体数の著しい増加や減少は、「長期間」という長い目で見る限り「誤差の範囲」にすぎないといえる。では、

「誤差」はどこまで許容できるのだろうか。一般論として、哺乳類のような比較的大型で寿命が長く一雌あたりの産子数の少ない動物では、個体群の変動幅が比較的小さく、昆虫類のように小型で寿命が短く一雌あたりの産卵数の多い「回転率の高い」動物では、変動幅が比較的大きくなっている。とはいえ、このような事実を実証するためには一〇年、二〇年、一〇〇年という息の長い調査が必要になることはいうまでもない。

ヨーロッパ系の研究者は長期間の調査・実験に理解があり、ただちに結果が出なくとも、ただ頑固に黙々とデータを集めている研究者もいる。一方、アメリカナイズされた研究者は業績至上主義のためか、長期間の研究よりも短期決戦を望むようで、ガッチリしたデータを基礎として議論するよりも、アイデアの勝負という傾向が強い。そのため、これまでに知られている野外における長期間の個体群変動のデータのほとんどは、学問上のイギリス・ヨーロッパ圏の研究者から提出されてきた。

昆虫類はしばしばわれわれの身のまわりでたくさん「湧いて」くる。椿の木に「湧いた」チャドクガにかぶれて毛虫嫌いになったり、田んぼの上のアカトンボの「大群」をみて秋を実感したり、岩にしみいる鳴き声のセミの名前をまちがえてみたり、とわれわれ日本人は特定の虫の数の増減で季節感を感じるだけでなく、気候変動を占ったりすることが大好きなようである。一方、「生態系」の片隅でひっそり生きている昆虫も多い。このような昆虫類は「大発生」もしないが、数の少ない珍種や希種であっても、生息環境が保たれている限り「絶滅過程」にあるわけでもないことがわかってきた。

伊藤嘉昭らによる生態学の教科書で示されたカシワ林に生息するエダシャクとハマキガ、ミドリシジミという三種の幼虫の一〇年間の個体群変動は、われわれに重要なことを教えてくれた。すなわち、大発生した年もあったかにみえた前二種と、低密度でほとんど変動らしい変動を示さないようにみえたミドリシジミが、個体群密度を対数に変換してみると、ほとんど同じようなパターンで増減を繰り返していたばかりでなく、その変動幅が三種ともほとんど同じだったのである。違っていたのは、密度のレベルにすぎなかった。

もちろんほんとうに「大発生」をする種もいる。もっとも古い大発生の記載は旧約聖書の「出エジプト記」にあるといわれてきた。エジプトでの奴隷生活から解放され、イスラエルへ帰りたいというモーセの嘆願を、かたくなに拒否したエジプトの王に対する神の怒りは、ナイル川のはるか上流からはバッタが、ナイル川からはヘビやカエルが大群で押し寄せたことに示されたそうだが、そんな力があるなら、さっさとイスラエルの民を金斗雲に乗せて連れ戻せばよいのに、と不信心者は思ってしまう。それにしてもバッタの大発生は古来より人類の大敵であったことはまちがいがない。

中国ではバッタの大発生を「飛蝗」といって恐れたという。二〇〇年ほど前から、ヨーロッパのあちこちの国に設立された研究所の名前は、どれも「対飛蝗研究所」と訳せるほどである。アフリカにある植民地を大発生したバッタどもに荒らされては、自分たちの取り分が少なくなってしまう。研究の結果、現在では、バッタの大発生のメカニズムがかなり解明されてきた。

それまで何十種と分類されていた大発生するバッタの種類は、姿・形や振る舞いは違えども、じつは、ほんの数種のバッタにすぎなかった。高校の教科書で暗記させられたあの「相変異」だったのである。「孤独相」や「群生相」と名づけられたそれぞれ異なる色や形をしたバッタたちは、同種であるにもかかわらず、密度に依存した変化にすぎなかった。とすれば、なんらかの要因で密度が高くなれば、わが国を含む温帯から熱帯まで、ほとんどの場所で大発生は生じる可能性がある。実際、わが国でも、一九八〇年代中ごろには種子島の沖に浮かぶ馬毛島で、その前には大東島で、明治維新直後には北海道で、大発生は記録されてきた。今でも、アフリカの国々では、内戦や干ばつ、飢餓に加えてバッタの大発生に継続的に悩まされ、踏んだり蹴ったりの状況にある。

農耕地における害虫の「大発生」にしろ、バッタの「大発生」にしろ、われわれの目の前に繰り広げられる「大発生」は昆虫に多く生じているようにみえる。しかし、耕作放棄地などに繁茂しているセイタカアワダチソウなども「大発生」であり、よくよくみれば、さまざまな動物・植物で大発生は生じており、われわれがそれに気づくか、それを認識するかどうかの問題にすぎないのかもしれない。

哺乳類では、タビネズミの仲間が今でもツンドラ地帯で大発生を繰り返し、集団自殺しているといわれている。ドブネズミに至っては、ペスト菌付きのノミを連れて大発生し、われわれの生活を脅かす。中世のヨーロッパの城塞都市では、このために人々がバタバタと死に、『ハーメルンの笛吹』物語が生まれる素地となった。そのため、このころのヨーロッパでは人口が三分の一に減少したこともあったという。現在では、ネズミの大発生の機構に対する理論として「ストレス説」が優勢で、内分泌学の一つの分野として発展している。

バッタにしてもネズミにしても、大発生の機構の解釈として、地域個体群がその場の環境収容力を超えて増殖してしまったとき、その構成員である個体に生じるさまざまな悪影響を、どのようにしのいでいくかということの現れの一つと考えられるようになっている。かつては、大発生した集団は、「その種個体群のために」移動したり自殺したりすることで、その場の個体数を激減させ、わずかに生き残った個体の子孫により、その個体群の存続を目指すという全体主義的な解釈であった。今では、個体群を構成している個々の構成員の生残目的の現れと考えられるようになり（個体の人権を尊重？）、大発生は生き物たちの特別なイヴェントではなくなったのである。

普通、個体群が増殖していけば、それとともに天敵の捕食圧は強まり、増殖にブレーキがかかり、大発生は起こらない。その天敵の餌のメニューにたくさんの種があがっていたとしても、増殖した種がいるなら、その個体を集中的に狙ったほうが、採餌効率は高くなるはずである。食べ過ぎて個体数が減れば、別の種に切り替えればよい。しかし、餌となる種が大発生した場合、天敵の捕食圧はほとんど効かなくなってしまう。

そもそも、天敵は、餌を探し、みつけ、襲い、捕まえて、巣へ運ぶので、つぎの餌を襲うまでには、ある程度の時間がかかってしまう。その場で餌を飲み込んだとしても、なにがしかの時間はかかるに違いない。したがって、一匹の天敵が、一日に襲ったり食べたりできる餌の量は物理的に上限がある。とすると、なにかの理由で上限を超えて個体が集まったとしたら、天敵は食べきれず、個体群はさらに増殖するかもしれない。これを「天敵からのエスケープ」という。

アメリカシロヒトリは、若齢幼虫がしっかりした網を張ってその中に潜むという生活史をもち、一九七〇年代はじめまで、東京周辺で大発生を繰り返していた。侵入種のために有力な天敵が存在しなかったので、天敵の捕食圧が弱く、エスケープが簡単に起こったらしいと考えられている。沖縄のサトウキビ畑で大発生を繰り返すイワサキクサゼミの場合、大発生して鳴いているサトウキビ畑へ、周囲からセミがわざわざ飛んでくるという。天敵の捕食圧をはるかに超えた個体数がいれば、だれかが天敵に食われても、自分は食われない可能性が高くなるに違いない。大発生して大きな集団をつくることは、自分だけは助かろうという利己的な振る舞いの現れともいえる。

赤信号、みんなで渡れば怖くない

しかし、大発生したバッタの集団は、(再び新たな集団が生じるという繰り返しはあるものの)移動を繰り返すうちに消滅し、馬毛島の大発生では糸状菌による大量死で終息した。イワサキクサゼミの大発生はサトウキビ畑の土壌耕起で抑えられている。大発生して「地に満ちる」ことはなかったといえよう。いずれにしても、長い目と広い視野でみる限り、生態系の構成要素に組み込まれている生き物は地に満ちなかったのである。

算数

じつは数ある生物学の学問分野の中で、最初から算数を使い、数学的モデルを操る学問は個体群生態学なのである。学校教育において、理科を「物化生地」という順に並べて(地学は無視して)「(算数を使うから)むずかしい順」あるいは「(暗記ですむ)やさしくなる順」として「生物」を位置づけているると、生物学を専攻しようとする学生たちでさえ、算数を扱うのは「生物学的ではなく」、「算数を扱う生態学はむずかしい」と感じてしまうらしい。

このような生態学に対する印象は二つの効果をもたらした。一つは「できるだけやさしい生態学」を標榜しようとして「生き物のお話」の例を多用したために、生態学は自然愛好家のものであり、古典的博物学の一種であり、「暗記に磨きをかければ」怖くない科目であると誤解されたのである。生態学が体系だった学問ではなく、花や虫の名前を覚えれば勝ちという風潮は、環境保全の議論の中でもいまだに根強い。

もう一つの効果は、徹底的な論理である算術を利用した生物学に魅力を感じてくれた他分野との交流であった。今でも、欧米では、「生物学」ではなく、数理や工学、人文など多様な出身の生態学（や生物環境に関する）研究者がかなり存在している。

さて、個体群とは「ある限られた空間に住み、多少ともまとまりを有する一種類の生物の個体の集合」と定義されている。ここで、「空間」とは「出生率と死亡率を問題にできるほどの大きさ」をいう。いいかえれば「ある程度の個体数を維持できるだけの大きさ」となり、したがって、その空間の「上限は種全体」となる。その特徴の一つは、あのイギリスのカシワ林でみられた幼虫たちのように、「単位面積あたりの個体数は変動するにもかかわらず、密度はほぼ一定のレベルを保つ」ことであり、それを保証するのは「出生」と「死亡」、「移入」と「移出」のバランスである。野外個体群では後二者が個体群動態に重要な影響を与えることが多いとはいえ、移出入を無視できる理想個体群（実験個体群）を出発点とするほうが考えやすい。すなわち、単位時間あたりの出生数と死亡数の差し引きで個体群は変動すると決めるのである。

「単位時間あたりの出生数（死亡数）」とは、「出生率（死亡率）」にそのときの個体数をかけ算したものである。すなわち、出生率と死亡率の「差し引き」にそのときの個体数をかけ算すれば「個体群の増減」の数が求められることになる。この「差し引き」を「増加率」と呼ぶ。ここで「単位時間」を限りなくゼロに近づけると簡単な微分方程式が成立し、「出生率（死亡率）」や「増加率」は〈瞬間〉という言葉を頭につけることになる。この微分方程式を解くと個体群の「指数関数的増加」が得られる。

高校数学で指数関数といえば「単調増加」である。その増え方は、瞬間増加率（r）（「瞬間出生率」マイナス「瞬間死亡率」）が大きければ早く、小さければ遅いという違いはあるものの、いずれは個体群が無限大に増殖してしまうことに違いはない。しかし野外の生き物でそうならないのは、経験則により、個体数が増えれば増えるほど、なんらかの要因により個体群の増加率がどんどん抑えられ、最後には「増えも減りもしない」安定した数に落ち着くからであった。これを「密度効果」という。単純な密度効果のモデルは、「瞬間増加率は個体数の関数で、密度の増加とともに直線的に減少する」というものであった。この関数を前述の微分

方程式に代入し、解を求めると、S字型の曲線、いわゆるロジスティック曲線が求められる。

密度効果は、捕食圧が高くなって死亡率を高めたり、産卵（子）数が減って出生率を低めたりするばかりではない。密度が高くなることでそれぞれの個体が小型化することも含まれる。小さな個体は体積あたりの表面積が大きくなるので、それだけ、周囲の無機的環境——寒暖や湿度、光条件など——の悪影響を受けやすくなるに違いない。からだが弱くなれば、ライバルとの競争に負けたり、天敵から逃げおおせなくなる確率は高くなる。したがって、死亡率は高くなり、小型の雌なら産卵数も減少するだろう。

単純な密度効果のモデルでは、密度の増加とともに瞬間増加率が直線的に低下し、最後にはゼロとなってしまう。そのときの密度（個体数）は「環境収容力（K）」と定義されている。逆に、密度（個体数）が限りなくゼロに近い点（横軸を個体数、縦軸を瞬間増加率としたときのY切片）はr_0と定義され、これが瞬間増加率のもっとも高い値となっている。したがって、密度効果とは「個体群密度の増加に伴う悪影響」を指し、「個体群密度の減少に伴う良い効果」ではない。限りなくゼロに近い個体数から増加を始めていくときに生じる「一方的に悪くなっていく効果」なのである。このときのr_0はとくに「内的自然増加率」と呼ばれ、その個体群の生息環境が同じであればつねに同じ値をもつはずなので、種特異的な値と考えられている。したがって、内的自然増加率の大小は個体群の増殖の速さの大小を示すので、種間の比較に都合のよい指数といえよう。なお、「増加率」と「増殖率」の本質的な違いを混乱しないよう注意が必要である（とくに保全の現場で）。

前提

ロジスティック曲線は、植物から動物、微生物まで、さまざまな生き物の増殖過程について検証されてきた。酵母菌やゾウリムシの増え方は、環境条件さえ工夫してやれば、ほとんどロジスティック曲線をなぞるため、高校レベルの教科書に載る常連さんである。しかも、ゾウリムシの場合、種によって環境収容力や瞬間増加率が微妙に違っており、二種以上で混合飼育した場合、組み合わせによって、一方が絶滅したり、共存したりし、それぞれの場合で環境収容力が変化するので、種間関係の解析例としても重宝がられてきた。

植物の場合も、ウキクサのような種では、葉状体の数で簡単にロジスティック的増殖を実験的に示すことができる。一方、身近にみられる草本や木本では、自己間引きがあったり、個体の大きさに可塑性があるため、動物のように単純に増殖過程をロジスティック式にあてはめるわけにはいかない。しかし、枝の数や実の数、葉の数など、部分部分に分けてみると、意外と、ロジスティック的増殖のみられることが多いのである。

昆虫類の場合、貯穀害虫において、典型的なロジスティック的増殖が報告されているが、これらはむしろ特殊例といえる。普通、昆虫は、卵-幼虫-蛹-成虫と断続的に変態するので、また、それにしたがって世代の重ならない種が多いため、単純に、特定の発育段階における個体数だけでロジスティック的増殖は示さない。逆にいえば、貯穀害虫は世代の重なりがあり、連続的に産卵しているため、うまくロジスティック的増殖に乗ったのである。

とするなら、世代の重なりが充分に認められる脊椎動物、とくに哺乳類では、ロジスティック的増殖が認められるに違いない。調べてみると確かにそのとおりで、大発生などの特殊な場合を除けば、多くの哺乳類でロジスティック的増殖がみられたのである。したがって、ロジスティック的増殖が満たされるためには、世代の重なりが必要といえよう。

ロジスティック曲線が描かれる前提条件は、生き物にとってありえない場合が多い。まぁ、安定した環境が続かねばならないという前提はがまんができる。前述した「世代の重なり」は、解析するときのテクニックで克服することが可能かもしれない。しかし、後の三つは致命的である。

現実問題として、内的自然増加率を最大限に発揮できる場は、実験個体群を除いてあまり例がない。なにしろ個体数が限りなくゼロに近ければ、雌雄は出会えない可能性がある。もともとたくさんいた個体群が減少してきた場合、雌雄が出会えたところで、相手は兄弟姉妹一族郎党である確率が高くなるに違いない。その結果、近親交配となれば、健全な子孫が生まれる確率は低くなり、絶滅へと向かってしまう。したがって、連綿と続いてきた地域個体群の瞬間増加率が徐々に上昇し、内的自然増加率と同じくらいの値になっていたとすれば、その個体群は絶滅の危機に瀕していることになる。ただし、このようなことは、ありえない。

普通、個体群が減少を始めてある一線を超えると、内的自然増加率は上昇せずに減少し始めるのである。これをアリー効果という。この現象は、多くの室内実験で明らかにされ、種の絶滅の研究や保全に応用され始めた。しかし、野外における調査例は少なく、ヒョウモンモドキという蝶の個体群において、その一線が推定された程度にとどまっている。

個体群が増殖して環境収容力にまで達したとき、瞬間増加率はゼロとなるように、内的自然増加率から直線的に減少していくなんて、だれが決めたのだろうか。個体数の少ないときには密度効果があまり働かず、すなわち瞬間増加率は減少せず、ある一線を超えたら急に働くようになったり、その逆があったってよいだろう。ある特定の条件下においたショウジョウバエの場合、一雌あたりの産下卵数は個体数が増加を始めた途端に激減し、その後は、どんなに個体数が増加しても、環境収容力の近くに達するまで、ほとんど変わらなかったという。

そもそも、個体数の増加とともに、瞬間増加率が直線的に減少するという前提自体がおかしい。個体数が増加するということは、出生数と死亡数の差がプラスであり、その値が小さくなっていくことである。個体数が増えた途端に天敵がやってきて、ただちに食べられてしまうなら、死亡率はただちに跳ね上がるだろう。密度効果がそれなりに働いていることになる。しかし、個体数が増えた途端に、雌が産み出す子どもの数を減らすことはできない。子どもを産み出したという行為自体で個体数が増加しており、子どもを産んだ瞬間に、もっと子どもを減らさねばならなかったことになるだろう。むずかしい言葉でいえば、密度効果は連続的であり瞬間的であり、遅れが生じてはいけないのである。

このように、ロジスティックモデルは、生き物の生き様を考えると、首をかしげたくなるような単純な前提条件しか考慮していなかった。それにもかかわらず、多くの生き物の増殖をうまく説明できている。ということは、生き物の生き様にかかわる本質にわれわれは触れているのかもしれない。いずれにしても、現在の個体群動態の研究は、これを出発点としているのである。

対立

自然界においてしばしばみられる相矛盾する二つの面を統一的に解釈しようとする「唯物弁証法的解釈」がわが国でもてはやされていたとき、海の向こうのアメリカでは、自然界の事象を比較検討するための「二分法」が使われ出していた。このような対立法は生態学にも導入され、種個体群レベルで、両極端の生活史の比較検討が試みられるようになったのである。餌の選び方や餌のとり方、生息場所の選び方、子孫の増やし方などがあげられていた。

四二歳で亡くなったアメリカのマッカーサーは、たくさんの二分法を提出し、それらの発展型が今日の生態学の根幹をなしているといっても過言ではない。たとえば、生活様式におけるジェネラリスト対スペシャリストでは、前者の種はいろいろな餌を選り好みせずに食べ、後者の種では特定の餌や特定の部位の餌しか食べないことを意味している。しかし、なんといっても、生物の進化をみすえた生活史戦略におけるr選択対K選択という二分法こそが、種間の生活史を包括的に理解するためのもっとも基礎的な考え方となっており、ピアンカによって一九七〇年代前半に発展・確立された。なお、マッカーサーはさらに「多様性」の考え方を数学的モデルから発展させている。

内的自然増加率を最大限に発揮できるのは、自種のメンバーのだれもがまだ気づいていない新たな

生息地を発見した雌雄（実際には交尾ずみの雌だけのことが多い）が、そこに定着し、子孫をどんどん産み出した場合である。このような場合の生息地とは、突然生じて、たまたま気づかれたということを意味するので、そのあたりにゴロゴロ転がっているわけではなく、簡単にはみつけられない。たとえば、たった一本の大木の倒壊跡でもよいし、人間による伐採跡地、台風や地震などによる崖崩れ跡地や土地の隆起、砂州の誕生、火山の噴火跡地などである。

新たに出現した生息地に、だれよりも先に飛来できた雌をイヴとさせて、卵を産下させ、そこから子孫を増殖させていこうとするなら、イヴの母親は、それに対応した特別な形質を進化させていく必要があった。こんな生息地がいつでもどこにでも生じるわけはないのに、自分の子どもたちだけには、他種や同種他個体よりも一足早くそういう場をみつけさせねばならない。そのためには、たくさんの子どもをたえず周囲にばらまき続ける必要がある。とはいえ、自分の体の大きさには限界があるので、子孫を増やそうとするなら、それぞれの子どもを小さくせざるをえないだろう。

一頭一頭の子どもが小さくなればなるほど、子どもの生存確率は低下していく。密度効果の話に出てきた「体積あたりの表面積」を思い出してもらいたい。小型化した子どもは、ちょっとした悪天候でも死にやすくなるだろう。そのような不利があるにもかかわらず子孫を残そうとするなら、その不利を上回るほど多産にする必要がある。したがって、いったんこのような進化が始まると、雌が最適な小卵多産を極め、最適に分散力を高めた種しか生き残れなくなってしまう。このように生活史を進化させてきた種を、ピアンカは r 戦略者と呼んだ。

まだだれにも気づかれていない生息地があちこちに存在したり、出現したりすることはめったにないとするなら、多くの種は、ほかの種と「食う-食われる」関係に組み込まれた中で生活し、その入り組んだ種間関係の中で子孫を産み育てているといえる。このような環境では捕食者の目が光っているだけではない。たくさんの同種他個体も同じ場所で生活しているのだから、生活空間や餌などをめぐっての種内競争は日常茶飯事となる。したがって、いくら子孫を増やしたいからといって、たくさんの小さな子どもをつくれば、同種他個体の子どもと競争して負ける可能性が高くなるだろう。捕食者にとってもよい餌となるに違いない。とすれば、大きめの子どもをつくって、他者の子どもよりも早く成長させたり、厳しい無機的環境に耐えさせて、結果的に種内競争に勝ち残ってもらう必要がある。もし、隠れ家を求める競争があったなら、敗者は、隠れ家から追い出され、捕食者に襲われて食べられてしまうだろう。

♪大きいことはいいことだ！♪

ただし、大きな子どもをつくるとなると、雌の体の大きさには限りがあるので、一回に産み出せる子どもの数は減らさざるをえない。その結果、進化は最適な大卵少産に落ち着かせるのである。このような生活史をもつ種をK戦略者と呼ぶ。

K戦略者の場合、一回に産める子どもの数が少ないので、産んだ子どもは大事に育てなければならなくなる。自己の子孫を可能な限り増やすという目的にとって、そもそも絶対数が少ないのだから、取りこぼしは許されない。ここにおいて、親による子どもの保護が進化してきたと考えられている。

教科書的にみると、r選択対K選択は、昆虫類対哺乳類のような対応関係となり、前者は小型の生き物で後者は大型の生き物、というように分類できる。しかし、実際の研究では、同じような分類群に属し似たような生活史をもつ二種を比較するときに用いられ、どちらの種の生活史がよりK戦略的か、などと評価している。また、自然環境条件の悪い場所にはr戦略者が多く、極相林内に生息する種のほとんどはK戦略者なので、この発想は環境指標に使えるはずであるが、環境保全のために群集解析を行なう研究者の間では、なぜか無視されることが多い。

増殖

神のご託宣を忠実に守ったのがヒトであった。生態系の構成要素から体半分踏み出てしまったヒトという種が「産めよ増やせよ」をほかの生き物と同じように行なえば、「地に満ちてしまう」のは自明であろう。逆にいえば、生態系の構成要素に組み込まれていた時代の人類は、ほかの生物と同様に、ある一定の幅をもって増えたり減ったりの個体数変動を行なっており、地に満ちられなかったのである。逆説的にいえば、だから神様は「地に満ちよ」とヒトをそそのかしたのかもしれない。

人類の個体数変動には三つのエポックがあったといわれてきた。まず最初は、生態系の構成要素から踏み出すきっかけとなった（ヒトをどのように定義するかにもよるが）ホモ・サピエンス・サピエンスとなった一二・五万年前ごろである。たぶん、このころから、多種を食い、多種に食われていた人類は、多種に食われにくくなったに違いない。病原微生物や寄生虫を除き、ヒトを直接襲い、ヒトの個体群変動に影響を与えるような天敵は消滅したといえよう。瞬間増加率に影響をおよぼす密度効果の一つが弱まったのである。しかし、人類の個体群はそれほど増加しなかった。食うべき餌は狩猟・採集によらねばならず、それらは人間を除いた生態系の「食う-食われる」関係に組み込まれているため、それらの個体群変動の上前をはねるしかなく、餌の量を自らコントロールできなかったからである。

二つめのエポックは、紀元前八〇〇〇年ごろに始まった農業革命といわれている。狩猟・採集しかしなかった人類は、一カ所に種を蒔いておけば、後日、その場で、かなりの量の餌を手に入れられることを知ったらしい。ただし、問題点は山積みであった。

そもそも、野生の植物は、種子が熟せばさっさと散布するように進化してきている。この進化は、動物による被食量をできるだけ低減するという点で適応的であった。しかし、その形質は、人間という動物にとっては扱いに困ることになる。収穫しようとしたら土の上にバラバラと落ちてしまうので、効率は悪く、取りこぼしも多くなるだろう。したがって、熟しても植物体の上に群がって居続け、効率よく収穫されるような植物にするという品種改良がなされたはずである。すなわち、野生の植物とは正反対の形質をもつので、われわれの祖先たちは苦労を重ねたに違いない。

野生植物をなんとか手なずけて作物としても、問題点はまだまだ多く残っている。春、湿地に種を蒔いても、秋まで待たねば収穫はできない。その間、別の場所をうろついていて、秋になって思い出し、その場へ戻ってきてみると、ほんの少し前に別の群れがやってきてすべて収穫してしまった後であれば、せっかくの努力が水の泡となってしまう。したがって、春に種を蒔いたなら、秋の収穫期まででそこに居座って所有権を主張し続けなければならない。ここにおいて、否応なく定住生活が始まったと考えられている。

ただし、種を蒔いた場所にのみとどまって所有権を主張しても、春から秋まで、食べるものはない。その間、その場ではなんの餌もとれないからである。したがって、所有権を主張しながら占有すべき場所は、農耕地を中心とした周囲のかなりの広さが必要といえよう。その中で、鳥や獣を獲って肉類

を供給し、木の実や葉などを採取して、端境期の食の供給源としなければならないからである。

　昔であればあるほど、農作業は天候などの気象要因に左右されるので、過去の経験は重要であったに違いない。あの山の雪が溶けて馬の形に残ったら田んぼの代掻きの季節、こちらの山から雲が湧いてきたら大風がやってくる、などは土地の古老がよく知っている。すなわち、「なんでも知っている！」年寄りが偉くなり、その指図にしたがわねば、期待どおりの収穫量はおぼつかない。「亀の甲より年の功」なのである。それでも対処できない天変地異がやってくれば、神様の出番となったかもしれない。

　たまたま豊作が続いて子どもの生存率が上がり、群れの人口密度が高くなれば、食糧不足を防ぐために農耕地を増やすことになる。なわばりを拡げていけば、隣の群れとの接触の頻度は増加するだろう。その結果として、群れの間で戦いが生じると、勝った群れは、負けた群れの場所を占拠してなわばりを拡げられるだけでなく、負けた群れの人間を奴隷として使役にこき使うこともできる。人間社会の階級分化は、この時期から発達したのである。そうでなければ、集団間の戦いは殲滅戦となり、以後、現在に至るまで、数え切れない悲劇を生み出すようになってしまった。

三つめのエポックは産業革命の始まった一七五〇年ごろである。このころになると、人間の生理学が理解されるようになり、多量に血が流されれば死んでしまうとか、傷口を消毒すれば敗血症にならない、などという知識が広まったという。さらに、鉱物系の物質が病気に対抗できる薬として使われるようになったため、生存率は上昇していった。そして、一九〇〇年代になってから、抗生物質の発見によって乳幼児死亡率はさらに低下していく。すなわち、三つめのエポックによって、「多産多死」だった人間個体群の「多死」だけが減少したため、瞬間増加率が上昇したのである。そして、人口は爆発した。

二〇一一年版の『世界人口白書』によると、この年、世界人口は七〇億人を超えたという。国別の人口ベストテンは、

中国一三・四億、インド一二・二億、アメリカ三・一億、インドネシア二・四億、ブラジル一・九億、パキスタン一・七億、ナイジェリア一・六億、バングラデシュ一・五億、ロシア一・四億、

そして日本一・三億

だそうである。ざっと眺めると、これら一〇カ国のうち、精確な人口の把握されている国は日本以外

にはなく、七〇億という合計値は過小評価であるという意見は根強い。アメリカでは、底辺の人々や不法移民の推定数はあるものの、これらは人口統計に含まれていないといわれている。とはいえ、この二カ国を除くと、ベストテンには貧しい国が多く入り、これらの国々では、人口爆発が進行中である。

楽観

欧米の楽観主義者は、多産多死であった先進工業国が、死亡率の減少の後を追って出生率が減少し、最終的には少産少死で落ち着いたことに注目した。もちろん、少産になるまでは、高い出生率と低い死亡率の差の結果としての高い瞬間増加率が続くので、この間、先進国といえども激しい人口増加は生じている。すなわち、人口爆発とは、多産多死から少産少死への移行期に起こる現象であった。少産少死となれば、人口増加は再び落ち着くことになる。この現象をDemographic Transition（まだ適切な日本語訳がみつからないので、英語のまま使わせてください）という。

実際、二一世紀になって、少産少死となった先進工業国に加えて、いくつかの新興工業国も少産少死となり、これらの国々でも、人口増加に歯止めがかかりつつあるという。逆にいえば、現在、人口爆発で苦しんでいる国々とは、開発途上国ばかりであり、多産多死から少産少死への移行期、すなわち多産少死となって瞬間増加率の高い時期にあるといえる。したがって、Demographic Transitionがどこの国でも起こるなら、これらの開発途上国でも、いずれは少産少死となって人口増加に歯止めがかかるというのである。ただし、この変遷の始まりから終わりまでに、先進工業国では約一〇〇年かかっているので、現在人口爆発を起こしている国において、それが近い将来に収まるとはいえないであろう。

人口増加に伴って多産から少産へ移行したことは、ヒトの個体群変動においても、ほかの生き物に普遍的に認められているような密度効果が存在しているようにみえる。しかし、「食う-食われる」関係から独立してしまったヒトでは、効果的な天敵が存在しないので、人口増加に伴う密度効果の一つである「多死」は生じることがなかった。戦争などによって一時的に多死が生じても、全体としての傾向は少死となっていったのである。したがって、いわゆる密度効果は生じなかった。一二・五万年前に、ほかの生き物から一歩踏み出したつけが回ってきたのかもしれない。ただし、地域の人口が徹底的に減少した場合、アリー効果により、絶滅状態になったり、絶滅してしまったという民族はたくさん記録されてきた。ある一線を超えて減少した個体群は絶滅するという生き物の普遍性から、ヒトは、まだ逃れられないようである。

生き物の世界における密度効果の単純なモデルは、個体群密度の上昇に伴い、瞬間増加率がゼロに向かって直線的に減少するというものであった。人口増加に歯止めのかかった先進工業国の人口密度は高く、(砂漠などの居住不適地があるにせよ)人口が爆発的に増加中の開発途上国の人口密度は低いので、国別人口密度と瞬間増加率の関係は、生き物の密度効果と同様のパターンを描いている。いいかえれば、人口密度の高い国は瞬間増加率が低く(=人口増加に歯止めがかかっている)、人口密度の低い国は瞬間増加率が高い（＝人口が増加している）といえよう。では、「人口密度」を「国内総生産」に置き換えたらどうなるであろうか。金持ち国は人口が増えず、貧乏国は人口が増えつつあるのである。

貧乏であればあるほど子どもを産まねばならない理由は、多くの著作物で論議されているので、ここでは触れない。いずれにしても、Demographic Transitionを唱え、人口の抑制が「黙っていても」起こると信じている研究者の多くは「持てる国」において「食うに困らない生活」をし、「持てない国」にいて必死に「餓死から逃れようとしている」人々の生活を想像できないようである。どうやら、Demographic Transitionが達成されるためには「ある程度の」富が必要であることがわかってきた。今後、これらの「持てない国々」や底辺の人々に、富がほんの一部でも分配されていくのだろうか。

なお、現在、つぎなるエポックが生じ始めた。アメリカをはじめとするいくつかの国では、女性の出産年齢の二極化が進み始めたのである。ご婦人とはいえないような若年の女性が子どもを産めば産むほど、人口は増加していく。しかし、それは、たんに人口増加ばかりでなく、本人や地域社会に大きなストレスを与えるようになってきた。その将来はいろいろな側面から予測されているが、今のところ、悲観的な結果しか示されていない。

出発

生物学、とりわけ生態学ほどダーウィンを意識した学問はない。少しでも進化について新しい学説を提出しようとする欧米の学者連中は、「自分の説はダーウィンの説から逸脱していない」とか「ダーウィンの言葉はこれこれこのように解釈でき、自分の説はそれをくわしく説明したにすぎない」といいわけを述べている。社会生物学の旗手であるドーキンスですら、「自分の学説はダーウィンを否定していない。自分こそがダーウィンの継承者だ」と弁明した。彼らにとってダーウィンの『種の起源』は唯一絶対の神様がつくった『聖書』なのである。

一方、わが国では、高校までの生物学で「ダーウィン＝適者生存」と覚え、ライオンがアンテロープを襲って食べる映像を思い浮かべて、「生物の世界はつねに厳しい生存競争にさらされているのだなぁ」と理解した気になって思考を停止していた。いにしえは中国の学問を、近代から現代では欧米の学問を、それに伴う深い哲学的洞察をまったく無視して上辺だけ取り入れて突っ走るというわが国の伝統は、生物学の世界においても例外ではなかったようである。とはいえ、「種の起源＝聖書」という無意識の呪縛がないので、欧米よりも「進化」を自由に思索できるはずの日本人研究者が、新たな進化学説を提出したとは寡聞にして知らない。

ダーウィンの指摘した「生存競争」の概念は、その後エルトンをはじめとする多くの研究者によって発展し、地球上の生き物たちはなんらかの相互関係をもっているということが共通認識されるようになってきた。すなわち、今では「食物網」として知られる「生物群集」である。もっとも、二〇世紀初期におけるこれらの研究は、動物生態学者が主流を占めたため、「食う-食われる」の関係といえば「草食動物-肉食動物」という関係を指し、「カンジキウサギ-オオヤマネコ」などという個体群の

相互関係に毛の生えた解析にすぎなかった。
エルトンの打ち立てた生物群集の概念は、アメリカにクレメンツという植物生態学者が登場してから、発展を始めた。彼と彼の学派は、無から有をつくりだせるのは植物のみであり、動物たちはその植物を利用して生きているので、食物連鎖の出発点には植物を位置づける必要があるとしたのである。そして、植物から動物へ至る連鎖をまとめて「生物群集（生物共同体）↓バイオーム」と名づけ（一九一六年）、バイオームとは「動植物一体のユニット」であると定義した。その具体例として、森や草地、砂漠、ツンドラという当時の自然認識としてまとまりのある植物景観をあげたので、彼らの定義は「ユニット」として理解されやすかったようである。
二〇世紀前半のイギリスには、クレメンツのライバルとなるタンスレイがいた。彼はクレメンツの提出したバイオームという概念について、「バイオームを考えると、その構成要素はどれもバラバラにばらすことができるが、これらはすべて全体としての法則にしたがって動いているはず」であり、さらに無機的環境（非生物的環境）も生物との間に相互関係があるので、それらも同様に全体としての法則にしたがって振る舞うと考えたようである。そこで、彼は生物群集と非生物的環境要因を総合して「生態系（エコシステム）」と名づけたのである（一九三五年）。

タンスレイによる生態系の考えの基礎は、当時台頭しつつあった「群淘汰」の概念を参考にした可能性があり、「全体のために個がいる」というような、今からみると、かなり全体主義的な危険思想ではあった。しかし「システム」という「哲学的」な接尾語のついたこの言葉は、バイオームの概念より賛同者が多かったらしい。そして一九四二年、リンデマンが「栄養段階」の概念を用いて「湖の生態系の構造と機能」をすっきりと説明してみせたのである。一九五七年には、アメリカのオダムが『生態学の基礎』という大著で「生態系生態学」という学問分野を確立した。「生態系」といえば「湖の生態系の図」というのはこの本が出典である。

アメリカ（中国）で流行れば日本でも流行る。現在でも、アメリカ（遣唐使）帰りの研究者は、「今、アメリカ（唐）で流行っている学問は……」と得意顔で鼻を動かす。わが国の学問の方法論は、明治維新（奈良・平安朝）以来まったく変わっていないらしい。生産生態学がアメリカで流行り始めたころ、それをすばやく導入した今は亡き某生態学者は「エコロジーのエコはエコノミーのエコであり、生態学とは生物の経済学だ！」と叫んで、せっせと動植物の重さを量り始めた。時代は一九六〇年代。世界人口の爆発的増加とそれに伴う食糧不足が懸念され始め、食糧生産力を推定するための基礎資料として、世界の生物生産力と現存量の推定という国際プロジェクト（ＩＢＰ＝国際生物学事業計画）が動き出したころである。

生態系の構造と動態、そして生産力を調べるため、世界各地の典型的な生態系がリストアップされた。アメリカでは一ヘクタール以上もある島全体をビニールシートで覆い、青酸ガスで薫蒸して生息している生物を全滅させて調べたり、サンゴ礁の生物を根こそぎ採集したりしたそうである。その研究費の一部はアメリカ軍から提供されていた。ベトナム戦争との絡みであることは公然の秘密といわれている。いずれにしても、世界の生態学者は動員され、わが国でも、このプロジェクトにかかわらなかった生態学者はほんの数名にすぎず、大多数は、日本の生態学が誕生して以来、この分野としてはじめての巨大研究費をもらったらしい。日高敏隆はこの研究を「肉屋の量り売り」と皮肉った。ただし、この大規模プロジェクトの日本側最高責任者が、生態学者ではなく生理学者であったのは、わが国の学界という政治権力の世界では、生態学がまだまだマイナーであったことを意味している。

関係

わが国で、生態系の概念が一般に流布し、これまで博物学的と蔑視されていた生態学がようやく自然科学の一員として市民権を得られるようになったのは古い話ではない。そして、生態系の構造と機能の解析により、地球上のすべての生き物が「太陽エネルギーに依存」していることが共通理解となったのは、ＩＢＰのおかげである。

現在になって、太陽エネルギーを生き物に都合のよいエネルギーへ効率よく変換できるのは「植物だけ」であり、それが食物網という種間関係から生物多様性への出発点であることは理解されるようになった。しかし、その網から人間も逃れることができないことは、いまだに実感されていないようである。「生物濃縮」や「宇宙船地球号」という言葉は、一九七〇年代はじめの自然保護運動（DDTの使用禁止や尾瀬の林道開発中止）でさかんに用いられたが、一般社会に流布したかどうかは心許ない。オダム流の数字記号や工学的なフローチャートが生態系モデルの説明に使用されるようになると、算数嫌いなマスコミたちは、生態系生態学を学問の世界に閉じ込めてしまったからである。

太陽エネルギーを固定した植物たちを取り込んで、自らの生活の糧にしたのは動物たちであった。動物たちは、植物のように無機物から有機物をつくりだすことができず、植物が稼いだ上前をはねているかのようである。そして、動物たちは死に、分解され、土に帰る。結果的に、有機物となって植物体に再び吸収されていく。教科書的に示せば、生態系の主要な構成要素とは、系外から入ってくる太陽エネルギーと、それを固定する植物（＝生産者）、それを利用する動物（＝消費者）、それらの枯死体や排泄物を分解する分解者、生き物たちの栄養となる有機物、そして、生き物たちを取り巻く無機的環境、の六つとなる。

生態系を構成する要素たちは、生き物たちの相互関係を中心として、たがいに複雑に影響し合っている。生き物たちが複雑な「食う-食われる」関係をつくればつくるほど、生態系に入り、植物たちによって単糖類の共有結合エネルギーと変換させられた太陽エネルギーは、複雑な経路をたどり、時間をかけて系内の構成要素間を移動していく。しかし、いずれにしても、最終的には熱となり、地球

の外、宇宙へと飛び出してしまう。
生き物たちがつくりだす「食う‐食われる」関係は、生態系内に存在する物質も一カ所にとどめず、

生産者‐消費者‐分解者‐生産者‐消費者‐……

と構成要素間を動かすことになってしまった。しかし、これらの物質は系の外へ出ることはなく、理論的な閉鎖生態系なら、永久に系内で回り続けている。高校の教科書でいう窒素循環とか炭素循環という機能である。ただし、このように永久に回り続けるには、生産者（＝植物）が（いろいろな意味で）健全でなければならない。そして、その前提として、太陽エネルギーが、つねに系内にやってきていることが必要である。
物理的な平面には限りがあるので、植物たちが同一の場所に可能な限り多く生息するためには、垂直方向の空間の利用を工夫しなければならない。

そもそも陸上植物は、上空から落ちてくる太陽エネルギーをめぐって、種内・種間で競争し、よりたくさんの太陽エネルギーを固定して、自らの子孫を増やそうとしている。したがって、植物は「上昇志向」をもつ傾向が強い。もちろん、地中から水や栄養分を吸収し、葉をつけた地上部の体を保持するための構造を工夫しなければならないため、一本一本の植物の姿・形は、これらの妥協の産物といえる。結果的に、植物の幹や枝、葉によって垂直方向の物理的空間は多様性に富むようになっていく。そうなれば、それぞれの空間で生活するのに適応した動物たちが住み着けるようになるので、その場の生き物たちはさらに多様になるだろう。

このような系の構成要素となる生き物たちの種類や豊富さは、立地条件によってさまざまである。地球上にはさまざまな無機的環境条件がモザイク的に分布しているので、それぞれに立地した生態系は、それぞれの独自性を示すことになる。すなわち、地球上にはさまざまな種類の生態系が存在するのである。

立地条件によって生じるさまざまな生態系のそれぞれの歴史は、系の構成要素となる生き物たち、とくに、植物の種類に大きな影響を受けている。なにしろ、ほとんどの植物は動けず、自らの子孫は、種子として散布していくだけだからである。親の真下に落ちた種子は、親の被陰のおかげで発芽できないかもしれない。その代わり、そのような環境に適応した別の種類の種子が芽生えてくる。したがって、ちょっと長めの時間の視点からみると、系内の植物の種類はゆっくりと変わっていく。この過程を、遷移という。その後、ほとんど種類の交代がなくなったとき、その群集は極相（あるいは極性相）と名づけられている。

長い時間の視点ではなく、短期的にみると、生態系の構成要素の相互関係は安定している。ある一つの種が突出して増えようとしても、「食う-食われる」関係にある他種が、捕食者なら捕食圧を高め、餌生物なら好適な餌量が減ることで、結果的に、その種の個体数はもとに戻ってしまう。このように、ある一定の値からはみ出そうとした場合に押し戻す機能を「負のフィードバック機構」という。この機構は、個体群だけでなく、生き物のいろいろなレベルでみることができる。われわれの心臓の心拍数は、交感神経や副交感神経などの働きにより、特別な場合を除いて高すぎず低すぎずに保たれているのも、この機構が働いているからである。われわれの体温が三七度弱に保たれているのも、この機構のおかげといえよう。ＤＮＡがタンパク質をつくりだす量も、この機構が働いているからこそ、つくりすぎや欠乏とはならないのである。このように、負のフィードバック機構が働いて、生態系が安定していることを、生態系の恒常性（＝ホメオスタシス）という。

負のフィードバック機構があるなら、正のフィードバック機構という言葉があってもよいだろう。理論的に、この機構は存在する。ただし、この場合、個体数が増え始めたら、それを抑えるのではなく、どんどん増加させてしまうことを意味するので、結果的に、個体数は爆発し、生態系のすべての構成要素に悪影響を与えて、その種は絶滅してしまうだろう。ひょっとすると、生態系自体も壊滅するかもしれない。逆に、個体数が減り始めた場合、正のフィードバック機構はさらに個体数を減らすことになるので、やはり、個体群は絶滅する。心臓の心拍数や体温維持の例なら個体の死を導く。Ｄ

NAのレベルなら癌となるかもしれない。したがって、生き物にとって、負のフィードバック機構は大事な機能なのである。

生態「系」はいろいろな要素が絡み合ったシステムである。この概念の興りを振り返ってみると、湖沼や林、砂漠など、だれでも納得のいく物理的境界を利用して「＊＊生態系」と名づけられてきた。寒帯や亜寒帯のように無機的環境要因の厳しいところでは、明白な物理的境界がなくても植物群落の様相は断続的に変わっているので、植物群落からみた生態系という定義はわかりやすい。しかし、暖温帯から亜熱帯で調査する研究者にとって、物理的境界が明確でなく、植物群落の種構成が場所場所によって複雑に絡み合うところでは、「なにをもって」生態系と呼ぶかという議論が生じてきた。沼田真は生態系を「主体-環境系」といいかえて主体の重要性を強調している。

じつは、動物生態学の世界では、ガチガチの生態系生態学論者を除けば、一つの生態系に一つの地域個体群がとどまらないことは常識であった。「複合生態系」と呼ぼうが「景観」と呼ぼうが、教科書的な生態系の概念では対応しきれないのである。「ビオトープ」という概念も、本来、地域個体群がある程度長期間維持できる広さの生息地を指すので、主体が動物であれば、たいていは複数の生態系を併せたものになってしまう。どちらかというとこれは景観という概念に近い。わが国で「ビオトープ」という言葉を用いるとき、「主体」を明確に指摘しているのだろうか。欧米の哲学を吟味せずに輸入した言葉を操るのは砂上の楼閣？

第3章——歴史の再現　絶滅の生態学

肉食

昔々、三重大学教育学部に赴任したてのころ、仲よくしてくれた幼児教育学のK先生からおもしろい問い合わせを受けた。「ウシは肉食動物」としてもよいだろうか、というものである。答えは「イエス」。狂牛病騒ぎよりもずっと前のことであった。担当している幼稚園教員養成課程の学生が、教育実習に行った幼稚園での出来事である。幼稚園近くの農家へ見学に行って、おっかなびっくりウシと遊んできた園児たちが、教育実習生たちに素朴な質問をたくさん浴びせたのが発端だという。

「牛さんは、食べてもいないのに、どうして、いつも、口をもぐもぐさせているの?」

「牛さんは、どうして、あんな柔らかいウンちゃんをするの?」

返答に窮した学生たちがいろいろ調べた結果、ウシは、餌としての植物を口の中に入れるものの、胃の中でその植物を分解しているルーメン微生物を自らの栄養に利用していることがわかったという。したがって、植物を食べるルーメン微生物が草食生物なら、それらを消化・吸収するウシは「肉食動物」ということになったのである。その後、この話は必ず授業のネタに使い、かなりの学生が「ウシは草食動物ではなくて肉食動物！」と「素直に？」信じてくれた。講義後の自由記述式の感想には「その日の夕食時に、母や兄弟に思わず力説していました」などと書かれており、かなりインパクトがあったようである。

　ウシは、ルーメン微生物によって分解された草の残骸や、微生物が排泄する低脂肪酸なども消化・吸収している。したがって、厳密にいうと、ウシは草食動物でも肉食動物でもない。強いていえば、細菌食＋動物食＋デトリタス食＋排泄物食となろう。このことは、肉骨粉を餌として与えれば、植物なら反芻しなければならない手間暇をスキップさせられるので、その分だけ成長を速められる可能性を意味している。このような「ウシの人権」を無視したことに対するしっぺ返しが、狂牛病の発生なのかもしれない。

　四つの胃（こぶ胃‐はちのす胃‐重弁胃‐しわ胃）をもつウシが「肉食動物」であるという「消化のメカニズム」は、なにもウシの専売特許ではない。胃を四つももっていなくても、ウシ科なら、たぶん、同様の消化器官の構造や機能の反芻胃をもっている。したがって、草を食べるという外見上似たような食生活をしているウマなどは、ウシ科とは異なる科なので、消化器官の構造と機能がまったく異なっているといえよう。その結果として、ウシたちが植物繊維のほとんど含まれない柔らかい糞をするのに対し、ウマたちは、やや乾燥気味で植物繊維が多量に含まれた糞を排出している。

体内に微生物を飼っていて、体の中に入れた食べ物を分解させ、それを利用している動物は、シロアリなどの昆虫類でも知られている。また、ハキリアリなら、巣の中に葉を持ち込んで発酵させたり、持ち込んだ葉の上にキノコを栽培したりして、それらを自分たちの栄養としている。このような方法も、本質的には、ウシと同じ食生活といえよう。

「消化と吸収」は中学校生物の大事な単元で、食べたものを胃や腸で分子のレベルまで分解して吸収し、それからわれわれ人間独自のタンパク質や筋肉を再構成する一連の流れが説明されている。この機構があるからこそ、われわれは「牛肉を食べたからウシ」になったり「豚肉を食べたからブタ」になったりしない。一方、同じ食生活と消化機構をもつ個体の肉なら、その食感はかなり似てくるはずで、「『美味しんぼ』の山岡士郎」を除けば、どのウシでも「牛肉」の味がするのである。この考えをもう少し拡げれば、「似たような食生活と消化機構をもつ種は同じような味がする」かもしれず、実際、バンコクで食べた水牛のハンバーグは牛肉ハンバーグの味とほとんど変わらなかった。そして、カンガルーも。

豪州

わが国では「郷に入れば郷にしたがえ」ということわざがあり、英語圏でも「ローマに入れば……」という似たようなことわざがある。このことわざを意識するしないにかかわらず、かつての日本人は、新しい土地や環境にやってくると、現地の社会や文化に溶け込もうと努力することが多かったらしい。それに比べると、欧米人は、自分の生活様式をどんな場所でもかたくなに守ろうとする人種のようである。たとえ自然環境が本国とまったく異なっていても、芝生をつくり花を咲かせ、プールで泳ぐ。現地の気候風土に適した食材を受け入れて楽しむよりは、本国における食生活を一〇〇％維持しようと試みているかのごとく調達し、あまつさえ、それ以外の文化は「野蛮」として受け付けない。その結果、アメリカ大陸では、先住民を追い払い、柵で囲った放牧場でウシを飼うようになった。

Ｂ級の西部劇映画をみれば、弓矢をもって馬に乗ったインディアンが牧場を襲い、将来の大統領が柵の陰からライフル銃をぶっ放してインディアンを撃ち殺している。このような図式は、オーストラリアの牧場でも同じになるはずであった。ところが、牧場を「襲う」のは馬に乗ったインディアンではなくカンガルーだったのである。

カンガルーはウシと同様に複数の胃をもち、それらの中にはウシと同様に微生物が生息している。そして、ウシと同様に、胃の中で飼っている微生物を利用して生活していた。すなわち、カンガルーは分類群がまったく異なっているものの、ウシとほとんど同じ食生活をしているといえ、生態学的地位が同じといえよう。したがって、牧草を植えたウシの放牧場は、カンガルーにとっても絶好の餌場となったのである。

夕方、ウシたちが牛舎に帰っていったころ、カンガルーたちは近くの疎林から出てきて、牧場の柵

の外で待っているという。アメリカでは成功したインディアン除けの柵など、カンガルーにとってはひとっ飛び。寝静まったころに牧場に侵入して、牧草を食い荒らしてしまうのだから始末が悪い。カンガルーはオーストラリアの白人牧場主にとって「害獣」となったのである。

カンガルーの受難の歴史は、オーストラリアに白人が本気になって定住してから始まったといえる。一九七〇年ごろまでは、少なく見積もっても、毎年二万頭のカンガルーが駆除されていたらしい。ところが、ネットの新聞記事によれば、オーストラリアでは二〇一〇年になっても駆除が続いており、その数は年間二〇〇万頭から三〇〇万頭だという（この数字は二桁は違うと思われるが、いろいろなところで引用されるので、このままにしておく）。殺されたカンガルーたちは、食肉としても五〇カ国以上に輸出され、ペットフードとしても加工されているらしい。皮は、そのまま空港の土産物屋に吊るされたり、コアラのぬいぐるみになっている。さらに、二〇一〇年からは、オーストラリアで野生化して増えすぎたラクダも、カンガルーと同様に、どんどん駆除が始められたという。それに対する皮肉を、二〇一〇年二月二三日付けのインターナショナル・ヘラルド・トリビューン紙は、フィリップ・バウリングによる署名記事として載せ、それを引用した産経新聞は「カンガルー三〇〇万頭撃ち殺す豪州に反捕鯨の資格あるか（二〇一〇年二月二四日）」という見出しをつけている。

昔、『アルキメデスは手を汚さない』という題の小説があった。自らは「殺し」というような生臭い世界に入らずに、だれかにやらせて知らん顔をしているという話である。スーパーでパック詰めにされた肉を愛でても、その肉を得るための屠殺には眉をひそめて「残酷だ」というのと変わらない。動物愛護を主張する欧米人の一部は、このような感覚をもっていると思えてならないのは、被害者意識が強いのだろうか。

そもそも北西太平洋のクジラを絶滅寸前に追いやったのはアメリカ人だった。クジラ船の寄港地として、鎖国中の日本の港を開放してもらいたかったのが、ペリー来航の目的の一つだったのである。「ペリーの来航＝開国」と子どもたちに暗記させておしまいにしてしまうような教育が、歴史教育なのだろうか。

恐竜たちが絶滅した後、哺乳類の中で最初に発展を始めたのは有袋類だったらしく、彼らは全世界へと拡がっていった。いいかえれば、恐竜たちの占めていた「生態学的地位」が空いたので、その場を埋めたともいえる。地球規模のオーストラリアと考えればよい。すなわち、あるものは地中生活者、あるものは空中生活者、あるものは草食で、あるものは肉食と、あらゆる場所に満ちあふれたのである。

新生代（＝哺乳類の時代）の幕開け以降の進化の中心は、アフリカ大陸のビクトリア湖の近く、盾状地であったらしい。この赤道直下の熱帯多雨林地帯で、胎盤類が進化し、そしてヒトニザルが進化したのである。これらの動物たちは環境に適応し、進化を繰り返しながら、アフリカ大陸全土に拡がり、ユーラシアへ、そしてベーリング海峡を経てアメリカ大陸へと移動していった。ベーリング海峡は浅い海なので、氷河期に海退が起こると干上がって、ユーラシア大陸とアメリカ大陸は陸続きになってしまう。これを「ベーリング陸橋」といい、生物の分布の変遷にとって重要な役割を果たしてきた。

現在からみると、哺乳類の大半が有袋類の祖先型であったころ、胎盤類が進化を始めたようである。彼らは有袋類よりも子の保護の方法などあらゆる面で効率がよかったらしい。その結果、いったん胎盤類が進化すると、有袋類が占めていた「生態学的地位」をめぐって競争し、有袋類と置き換わってしまった。有袋類は胎盤類との競争に負け、絶滅したのである。こういうときの「生存競争」とは、たがいの種の個体どうしで嚙みつき合い、殺し合うことではない。普通は、どちらかの種が一匹でも多くの子孫を残せるかの競争である。したがって、生存競争によって、どちらかの種が絶滅するまでには、比較的時間がかかるといわれている。

オーストラリアの有袋類は、たまたま、残ってしまった運のよい例といえよう。大陸移動によってゴンドワナ大陸から分離した後、海の深さと海流の速さに幸いされて胎盤類が渡れなかったからである。オーストラリアの生態学的地位はすべて、適応放散した有袋類の子孫によって占められたままになっていた。しかし、もし胎盤類が侵入したとすると（じつはすでにその兆候は現れている――人間によって意図的に持ち込まれたイヌ、ネコ、ウシ、ブタ、ヤギ、ヒツジ、だけでなく、ネズミ類などを含む人間生活に紛れて侵入した生物）、有袋類の生態学的地位はたちどころに競争にさらされて胎盤類と置き換えられ、どんな有袋類といえども絶滅してしまうだろう。したがって、オーストラリアは微妙なバランスで成り立った「有袋類の天国」といえる。

有袋類と胎盤類の生態学的地位をめぐる「見てきたような」競争の話は、根拠のない話ではない。じつは、現在、有袋類はオーストラリアだけではなく、南北アメリカ大陸にも、オポッサムと名づけられた仲間が少なからず生息しているのである。ベーリング陸橋を渡ってきた胎盤類は、アメリカ――とくに南アメリカに生息しているすべての有袋類の生態学的地位と、まだ完全に置き換わっていない。すなわち、進化的な時間でみると、現在はまだ「胎盤類が世界を制覇する途上」にあるのである。もっとも、この「途上」は、ヒトという胎盤類の中の変わり種の出現によって、「有袋類の生態学的地位の胎盤類による置き換わり」ではなく、人間による「生息環境の破壊による有袋類の絶滅」という結果になり始めた。もしそうなると、有袋類の占めていた「生態学的地位」は「空席」となって複雑な食物網にほころびが生じ、その結果として生態系や景観の構造がゆがみ、この「空席」が埋まるか完全に消失するまで、地球上の生物界は大変動を起こすかもしれない。

SF

この一〇〜二〇年、毎年のように「世界最大の恐竜博」がわが国で開催され、「羽毛をもった恐竜」とか「＊＊から出てきた恐竜」というようなテーマが冠せられている。人類が出現するはるか以前、現世の哺乳類よりも大きな動物が地球上を闊歩していたという事実は、地中から出土する骨の化石によって有史以来認識され、多くの人々に興味がもたれてきた。それらが爬虫類に分類されるということがわかってからは、絶滅したこれらの動物たちすべてを「恐竜」と名づけ、さまざまな想像の産物の出発点となったのである。

一九世紀後半、ベルヌやウェルズとともにSFと呼ばれる小説のジャンルの確立に貢献した作家であるコナン・ドイルは、『失われた世界』で、それまでの「恐竜に関する知識」を総ざらいした。その後現在に至るまで、掘り出された化石の種類や量は飛躍的に増加し、それとともに恐竜の生活に関するわれわれの知識が飛躍的に発展し、恐竜世界の記述は何回も書き直されている。その成果は、世界各国（とはいっても主として欧米と日本）においてしばしば開催される「恐竜博」に反映され、「過去のロマンに想像力を拡げたい欧米人」や「子どもの夏休みの宿題の一つにしたい日本人」が格好のお得意さんとなってきた。そうでなくとも、自然史博物館などにおける常設展示「生物の進化」のエントランスにおいて、巨大な恐竜の骨格標本がでぇーんと置かれているのは、わが国に限らず、どこの国でも共通で、微笑ましい。

一九世紀後半までの人類の知識は、恐竜が生息していた時代を「殺伐とした世界」とみなしていたらしい。すなわち、『失われた世界』の準主人公であるチャレンジャー教授によると、すべての恐竜は「肉食」であり、肉食性の動物は「凶暴」で「残忍な眼」をして「夜行性で単独生活を好む」から、恐竜の生息していた時代は「暴力の支配する世界」だったのである。それに対応して、体色は黒か焦げ茶か濃緑色という「ワル」の色しかないと考えられてきた。しかも、恐竜たちはギャーとかギーとかガォーという鳴き声しか出さず、相手かまわず嚙みつき合うので、口からはいつも血を滴らせていたというのである。

恐竜に関するこれらの想像のすべては、当時の（ヨーロッパに生息していた）爬虫類をたくさんケージで飼育し、それらの振る舞いを観察し、（ヨーロッパ人が）想像力を膨らませた結果である。そもそも恐竜時代の恐竜が「凶暴」かどうかはだれがどのように判断したのだろうか。「残忍な眼」とはどのような眼を指すのだろうか。どうも欧米人はこのような自己中心の解釈がお好きなようである。なお、現世のヨーロッパの爬虫類たちが「人間の倫理観における凶暴」となるときは、高密度の飼育ケージ内で共食いするときか、ちょっかいを出した人間に反撃するときだけなので念のため。

SFを「読み物」ではなく「映像」にすると、特殊撮影の技術や効果以前に、制作者や脚本家たちの科学知識の理解の程度が露骨に画面に現れてしまう。現実の物理・化学・生物学を基礎とすれば起こりえないような場面を、無神経に登場させせるからである。

無重力の宇宙空間で火薬式の鉄砲を撃てば、撃った本人は、鉄砲の弾と同じ速度で反対方向へ飛んで行ってしまうだろう。これらの非現実性が克服され、名実ともにScientific Fictionとなってきたのは一九六八年に公開された『二〇〇一年宇宙の旅』からで、この映画はストーリーや撮影技術、BGMばかりでなく、「科学を基礎とした最初のSF映画」であったという評価が高い。その後のSF映画は『スターウォーズ』に至るまで、可能な限り物理・化学現象との乖離を小さくしようとCGなどを駆使して努力されている。そして『ジュラシック・パーク』が登場した。

映画『ジュラシック・パーク』において、ある種の恐竜の体色は極彩色であり、ある種の恐竜は群れ生活をし、そして、ある種の恐竜は人間顔負けの「知的振る舞い」を示している。ストーリー的には、西部の開拓民対インディアンの関係と本質的に変わらないとしても、出演した恐竜たちは、かつてのイメージ（凶暴、単独生活、焦げ茶色などなど）とはほど遠く、むしろ「恐竜のぬいぐるみを着た野蛮人」といっても過言ではない。恐竜に対するイメージがこの一〇〇年の間に激変した結果を反映しているのである。これは、近年の「化石資料の蓄積」と「現世の爬虫類や哺乳類の行動解析の発達」、そしてそれらの進歩を助ける「コンピューター・シミュレーション」の三つの要因によるところが大きい。

化石の定義は「生物が生活していたなんらかの痕跡」なので、骨とは限らない。先カンブリア時代の海底でミミズの先祖が「のたくった痕」も化石という。したがって、「骨」だけではなく、恐竜の「足跡」や「糞」、「表皮」なども化石である。

足跡の化石からは、とくに、いろいろなことが明らかにされてきた。肩幅や歩幅もわかれば、間隔や地面に対するめり込み具合、その角度などから、その個体が歩いていたのか、走っていたのかも、簡単に推定できる。「この恐竜は時速＊キロメートルで走れた」などと書かれた子ども向けの恐竜図鑑の記述にも、根拠があり、勝手に想像したわけではない。

足跡の化石がていねいに測定され、コンピューターでシミュレーションされた結果、現在では、体重や歩行速度、代謝率さえ推定することが可能となってきた。そして、恐竜たちは、従来考えられていたような冷血ではなく、温血であったと考えられている。すなわち、恐竜の姿・形だけではなく、実際の生活様式を推定できるので、足跡の化石は、骨の化石に勝るとも劣らない「掘り出し物」なのである。

一方、熱帯地方に生息するワニなどの爬虫類の行動が詳細に観察され、現世の爬虫類は哺乳類と遜色のない生活をしていることがわかってきた。これらの結果は「肉食恐竜がすべて残忍で冷血」であることを否定している。もちろん、恐竜時代にも、肉食恐竜を頂点とした食物網が形成され、いろいろな生態系が生じていたはずなので、生産者である緑色植物の分類群は異なっても（裸子植物か被子植物）、当時の生態系の構造と機能は現在のそれとほとんど変わらなかったに違いない。このことは、現世の哺乳類とそれぞれ「生態学的地位が同じ」恐竜が生活していたことを意味している。

とするならば、オーストラリアの有袋類と旧世界の胎盤類の姿・形が似ていたように、恐竜と哺乳類で姿・形の似ている種があってもおかしくない。実際、生息環境の厳しい場所に住む種では、姿・

形の似ている恐竜が多く発見されている。当然、生活史も似ていたであろう。

一方、現世の多くの肉食性哺乳類の行動解析結果は、「肉食動物のすべてが残忍で冷酷」ではないことを示しており、むしろ人間の倫理観に沿った残忍で冷酷という行動が示されるのは、草食動物が同種内で示す行動であることがわかってきた。同種内で、原則としてジェントルな行動を示すのは肉食動物である。したがって、数年前よりわが国の巷でもてはやされている「肉食系男子＝活発で攻撃的」と「草食系男子＝おとなしくて平和的」という言葉の区分は、肉食動物と草食動物の表面的な振る舞いと比べても、それぞれ一八〇度反対であるといえよう。所詮は血液型占いと同レベルのレッテル貼り遊びとはいえ、肉食動物と草食動物の振る舞いがまったく理解されていないのは、教育に問題があるのか、軽薄な文化に問題があるのか、じっくり考えてみるのもおもしろい。

生物と生物の間でいったん「食う-食われる」のような相互作用系が生じ、生態系とみなせるシステムが稼働し始めると、この系はそれ自体で安定化する傾向が生じてくる。「負のフィードバック機構」が働いてシステムの「恒常性＝ホメオスタシス」が保たれるのである。恐竜時代にも多くの種類の「食う-食われる」の関係が生じていたはずで、それらで構築された生態系は長い年月を経て「遷移」して「生物的な極性相」に達していたといえよう。このような生態系は、「人間」という変てこな種でも出現しなければ、なかなか崩壊しないのが普通である。したがって、恐竜時代の生態系は、オーストラリアにおける有袋類を主体とした生態系と同じく、「食う-食われる」の関係が安定していたと考えるべきである。

旧世界に住んでいた有袋類は、それなりの「食う-食われる」の関係で安定したシステムを構築していたにもかかわらず、胎盤類の出現によって絶滅してしまった。オーストラリアに生息している有袋類も、オーストラリア大陸とスンダ列島の間の海がもう少し浅かったり、もう少し海流の速さが遅かったりすれば、胎盤類が侵入できたので、絶滅してしまったはずである。すなわち「有袋類が構築していた生態系の安定なシステムに「より進化した」胎盤類が侵入して有袋類を絶滅させた」というのが有袋類と胎盤類との関係だった。有袋類と胎盤類は（生態学的地位が同じなら）共存できないのである。

われわれは恐竜が絶滅した後に哺乳類が繁栄するようになったことを知っている。そして、恐竜を有袋類に、哺乳類を胎盤類と対比させることで、恐竜よりも哺乳類のほうが「より進化した生物」であると信じたかった。はたして……。

安定

これまでに、「有袋類-胎盤類」の関係を「恐竜類-哺乳類」の関係と対比させてきた。前者の場合、「一つの生態学的地位には一つの種」という生態学の原則の下で、有袋類の後から進化して生じた胎盤類は、旧世界において、それぞれの生態学的地位を占めていた有袋類を種間競争によって駆逐し、絶滅させたのである。この競争では「より多くの子孫を産み出したほうが勝ち」なので、おたがいに殺し合うわけではなかったことを繰り返しておく。種の置き換わりは比較的ゆっくりであったといえる。もしそこで殺し合いがあったとすれば、それは異なる生態学的地位の間で起こったに違いなく、その場合は「食う-食われる」関係という。このときの「食う」側を「凶暴」と罵るのは、「食われる側」か、「私は心底優しさを身につけていると偽善者ぶる人間の倫理観」にすぎず、罵られたほうは迷惑である。

恐竜たちは、哺乳類たちと同様に「優しかった」。産卵場所のまわりにある足跡の化石からは、多くの恐竜たちが卵を産みっぱなしにはせず、たぶん、産卵した雌が卵（や子ども）を保護をしていたらしいことが明らかになっている。そして、中国大陸で、崖崩れで生き埋めになったと考えられる恐竜一家の化石が発見された。また、一方向に向かうおびただしい足跡の化石からは、草食恐竜の群れ移動が類推され、しかも、移動中の群れの中央には、小ぶりな足跡がちょこちょことついていたという。現在の哺乳類も、子どもは群れの中に囲って移動している。

恐竜たちの生き様が今の哺乳類と遜色がないなら、草食恐竜がいて雑食恐竜がいて肉食恐竜がいたはずである。特殊な餌にこだわる恐竜たちもたくさんいたであろう。また、親による子育てが発達すれば、子育てをめぐる雌雄間の軋轢も進化してくるはずで、そうなれば性選択が進み、派手な体色や特別な形態に進化した種も生じてきたに違いない。すなわち、現在の哺乳類たちが繰り広げている「食う-食われる」関係や競争関係、種内関係など、ありとあらゆる関係が、恐竜たちの間にも存在していたことになる。

「恐竜類-哺乳類」の場合、どちらの祖先種も古生代の終わりから三畳紀のはじめにかけてすでに出現していたという点で「有袋類–胎盤類」の進化の関係とは異なっていた。哺乳類の出現時期が恐竜類よりも若干遅いとはいえ、恐竜時代となる中生代を通じて、哺乳類は恐竜類と同じ場所で生活していたのである。個体間のコミュニケーションを発達させた恐竜もいたにちがいなく、『ジュラシック・パーク』のお話の中に、連係プレイで人間を襲う恐竜が出演していてもおかしくはない。

恐竜類と哺乳類はそれぞれの固有の生態学的地位をもち、生態系が構成されていたといえる。したがって、結果的に生態系が安定している限り、哺乳類のみが同時多発的に進化を開始して、恐竜たちのもつすべての生態学的地位を得ようと戦いを開始したとは考えられない。ただし、哺乳類も恐竜類も、それぞれ生態系の構成要素の一つとなっているので、恐竜時代の生態系においても、両者の間に「食う–食われる」の関係はあったはずである。現在でも、哺乳類とヘビやカエルといった爬虫類や両生類たちとの「食う–食われる」関係は、いろいろな方向で生じている。

恐竜時代も、異なる生態学的地位どうしの関係なら、哺乳類→恐竜類と恐竜類→哺乳類の、どちらの「食う–食われる」関係もあったことになる。とするなら、恐竜の世界において、生態系が安定している限り、胎盤類が有袋類を絶滅させた種間競争というような過程で、哺乳類が恐竜類を絶滅させることはなかったといえよう。このことは、もし恐竜類が絶滅しなかったら、ヒト（のような霊長類っぽい生き物）が生じたかどうかという思索の遍歴を多くの研究者にさせてきた。「ヒトのような生き物には進化しなかった」でも「ヒトのような生き物に進化した可能性がある」という考え方でも、それを唱えた研究者がもつ「ヒトという生き物の定義」を垣間見ることができて興味深い。

もし恐竜時代が続いていたとしたら、そしてある特定の環境条件が整ったとしたら、二足歩行の「人間もどき」の生じた可能性があると指摘する研究者たちがいた。その進化の出発点となる恐竜として、トロードン・フォーモーサスのあげられることが多い。この種は白亜紀後期に存在し、推定体重が五〇キログラムで、体長が二メートル弱だそうである。後脚に比べると前脚は細く短い。頭骨の化石によれば、左右の目が前へ出ているため、両眼視が可能らしいという。したがって、だんだんと顔が扁平になってくれば、両目を使って、距離感も精確に認識できるようになるに違いない。どうやら雑食性だったらしく、この点も、人間もどきに進化できる可能性が高いと考えられている。その結果は「ステノニコサウルス人」として、想像図まで出回るようになってきた。しかし、恐竜人間が出現する前に、恐竜たちは絶滅してしまった。

衝突

生物の進化が語られるとき、「今」が進化の歴史のもっとも先端であり、われわれ人類がもっとも進化した生物であり、ほかの動植物はわれわれ人類より部分的には優秀な面があっても総合力では劣っているという「無意識の優越感」のちらつくことがある。「神様がすべての生き物の王として人間をつくった」というキリスト教を信じていなくとも、「われわれの先祖は猿」というだけで露骨に顔をしかめる人もいまだに少なくない。昔から、この論理において、「恐竜はわれわれよりも劣っている」のだから進化の途上で絶滅してもおかしくないと考えられてきた。したがって、「絶滅の結果」

は自明なので「絶滅の過程」がつねに論争の的となったのである。

恐竜は凶暴だったので神様によって絶滅させられたとか、恐竜は大きすぎてノアの方舟に乗れなかった、というようなキリスト教的世界観の説明から、「恐竜はアホ」なので、産みっぱなしの卵は「かしこい哺乳類」に食われてしまったり、単独生活をしていたため哺乳類に集団で襲われて各個撃破されたなどと、提出された仮説は莫大な量に上った。しかしこれらの仮説では、その当時の哺乳類がすべて肉食性でなければならない（「食う-食われる」関係を考えれば、捕食者＝哺乳類と被食者＝恐竜の関係において、捕食者が被食者を絶滅させることはできないので、そもそも、この仮説には無理がある）。いずれにしても、そこでの前提は「自然界には弱肉強食の厳とした掟がある」ので、哺乳類たちは、腕力ではかなわなくとも、かしこさで「アホで凶暴な恐竜たち」を「皆殺し」にできたということになる。未開人の襲撃に立ち向かい、何回もの危機を「かしこさ」で乗り越えて、最後に勝利を収めた文明人、というハリウッド映画がちらついてしまう。

恐竜が絶滅した六五〇〇万年前の前後、地球環境は大きく変動していたことがわかってきた。海生動物の炭酸カルシウムの殻を用いた研究によると、平均海水温が五度も下がったと推定されている。当然、気温も低下したことであろう。気温が低下すれば植物が減り、植物が減れば恐竜が減り、最後に絶滅したと単純に考えられたこともあった。しかし、食物網がしっかりと拡がっていれば、絶滅した種はあったとしても、安定した生態系であればあるほど、「すべての恐竜」が絶滅することはなかったであろう。もしそのようなことがあったとしたら、哺乳類だって、一緒に絶滅していたはずである。

　現在の爬虫類の中には、卵の孵化時の温度によって、子どもの性が決まってしまう種がいる。低すぎると雌ばかりに、高すぎると雄ばかりになってしまい、適温でないと雌雄半々に生まれてこないという。したがって、気温の低下は爬虫類の子孫が雌ばかりとなり、最終的には絶滅したが、哺乳類にはそういう現象が起こらず、生き残ったという説もある。

　恐竜時代の幕開けには、地球はたった一つの巨大な大陸であったらしいが、恐竜の絶滅するころには、大陸は分割され、徐々に間隔を拡げ始めていたという。最終的には、現在のような大陸の配置となってしまうが、その間、当然、海底ではさまざまな変動が生じていたはずである。その一つが海盆容積の増加といわれ、海が深くなったため、海水面が低下して浅い海は干上がり、深い海しかなくなってしまった。多くの海生の恐竜たちは浅い海に生息していたので、絶滅したというのである。

　理由はわからないものの、石灰質藻類が恐竜時代の後半に大発生したという事実も、地球の気温低下の要因と考えられている。この藻は、字のとおり、石灰質の殻をもち、海水中で二酸化炭素を吸収し、死体は浅い海に堆積していったらしい。ヨーロッパにみられる白い地層＝白亜の地層がこれにあたり、白亜紀の語源となっている。

　われわれにみえるほどの厚さの地層ができるほど石灰質藻類が大発生したのなら、海水中の二酸化炭素はどんどん吸収されていったに違いない。空中の二酸化炭素は、それに対応して海水に溶け込んでいくので、空中の二酸化炭素濃度は減少していく。その結果、長い時間をかけて、温室効果とは逆の効果が徐々に生じて、地球は冷却されてしまい、植物が減って、恐竜が絶滅してしまったという説もある。すなわち、恐竜の絶滅は寒冷気候になったためという振り出しに戻ったのである。しかし、このようなゆっくりとした変化が、恐竜「だけ」を絶滅させたとは考えにくい。

まだまだ異論は多いものの、恐竜たちが絶滅するきっかけとなったのは、直径一〇～一五キロメートルの小天体の地球への衝突であることがわかってきた。衝突場所は、現在の中央アメリカ・ユカタン半島の沖合だったらしい。これが地球上の生き物たちに与えた影響は、大きく七つに分けて考えられている。

まず、衝突という衝撃によって生じた大地震や山崩れ、地割れなどである。そして、大津波、大火災と続いていく。

近年のわが国で生じた大地震における死者の大部分は、関東大震災では焼死、阪神大震災では圧死、東日本大震災では水死であったという。恐竜時代に生起した大地震では、これら三つの厄災が同時に起こったと考えられている。

初期に襲ってきた津波の高さは一キロメートルを超えただろうと推定されている。東日本大震災のときの一〇メートル前後の津波でも市町村が壊滅したことを考えれば、その高さは尋常ではない。現在の地形でいう南北アメリカ大陸の大西洋に面した一帯は、かなりの内陸部まで、壊滅してしまったであろう。その後も、二～三カ月の間、一〇〇～三〇〇メートルの高さの津波が何回も繰り返し襲ったといわれている。したがって、海岸地帯で生活していた生き物たちは全滅したとしてもおかしくない。

運よく津波が到達しなかった内陸部や高原地帯も安全ではなかった。そもそも大気圏に突入した天体は、空気との摩擦によって発火し、燃える火の玉となって、海に突入したはずである。海の中を突き進み、海底に達するまでの天体の軌跡は、一瞬後に真空となり、一瞬後にそれを埋めるために四方から水が押し寄せ、中央でぶつかり、反発して、津波が生起された。とすれば、空気の層を引き裂いたときも同様の状況が惹起しただろう。水は摩擦が大きいのでゆっくりと反応し、空気は摩擦が少ないのですぐに反発し、地球をぐるりと回ってしまう。そして、その空気は高熱をもっていたのである。津波がこなくても、高熱の空気の津波（熱波）の通り道では、大火災が生じたに違いない。

衝突すれば、天体はバラバラになってしまう。海底の土砂や岩盤のかけらとともに、天体の破片は上空へ巻き上げられたに違いない。大きな破片はただちに落下しただろうが、小さな破片になればなるほど、上空高く舞い上がり、なかなか落ちてはこなくなる。大火災で生じた煙や塵も大気中に漂って層をつくるので、これらが地球を覆っている間、何カ月も、ひょっとすると何年も、太陽光は遮られ、地表面は暗くなるので、地球は冷涼化していっただろう。

上空に舞い上がった塵や埃、細かい土砂は、いずれは、地球の引力によって地表面に落下してくる。地球は徐々に明るくなってくるはずであった。しかし、その前に、これら目に見えないほどの塵や埃は雨粒の核となって地表面に降り注いだのである。そもそもこれらは燃えかすであった。すなわち、雨は「酸性雨」だったのである。その結果、津波からも森林火災からも逃れて、からくも残っていた

森林は破壊されてしまった。

酸性雨が降り、地表面から塩素が放出されれば、オゾン層が破壊される。植物が営々と排出してきた酸素の層は薄くなり、上部のオゾン層が薄くなれば、紫外線は地表面まで届くようになり、生き物たちに悪影響を与えることになっただろう。明るい地球に戻ったとしても、危険な地球になってしまったのである。

そもそも、大火災は二酸化炭素を増大させていた。これが大気の中で層をつくれば、地表面から長波長の赤外線が宇宙へ放出されないことになる。すなわち、地球の「温暖化」が生じるのであった……。

……と、天体の衝突後に生じた一連の現象は、どこかで聞いたことのあるようなものばかりである。当然、異常気象が頻発し、植物の現存量の低下が引き起こされただろう。これらに依存して生活している動物たちに悪影響が生じたことは「生態系の構造と機能」を知っていれば容易に想像がつくはずである。

連鎖

津波に襲われず、大火災からも逃れることのできた場所であっても、天体の衝突直後の暗黒化と冷涼化は、光合成を阻害し、生き残りの植物たちをさらに激減させたであろう。ただし、植物たちは、土壌中に埋土種子集団として保険をかけているので、寿命の長い種子を生産できた植物ほど、この難局を乗り切れたはずである。しかし、地上部の植物の現存量が激減したことはまちがいない。とはいえ、植物が減ったから恐竜が絶滅したというような単純な構図ではなかった。

植物が減った結果、生き残っていた草食動物たちは餌不足に陥り、餓え、体力が低下していったことだろう。このような状況は、短期的にみると、生き残っていた肉食動物たちにとっては、よいことであった。以前なら返り討ちにあってもおかしくない大型の草食動物に対しても、体力が低下しているなら、襲うことが可能となったからである。しかし、そんなことは長く続かない。相対的に肉食動物の数が増えてくれれば、肉食動物は餌不足になってくる。草食動物の数が極端に減ってしまえば、それを探し出すことはむずかしくなるだろう。そもそも、「食う-食われる」関係において、肉食動物は捕獲効率を高め、草食動物は逃れる術を磨くように進化してきていた。ということは、極端に減った草食動物を肉食動物は餌とできなくなり、結果的に、肉食動物は絶滅してしまう。

有力な肉食動物のいない世界は、とりあえず、草食動物にとっては天国となったかもしれない。しかし、それはすぐに地獄へと変わってしまうことを、われわれは、（今では真偽半々であるものの）カイバブ平原のシカの大発生という例で知っている。鹿狩りのためのシカの数を増やそうとして、カイバブ平原にいたシカの捕食者であるピューマやオオカミを駆除（！）して全滅させた結果、シカの数は増えに増え、シカの口の届く高さから下の下層植生は全滅し、土地は荒れ、高木の幹の樹皮は剝がされてしまったという。そして、ちょっと厳しい冬、大雪が降った後、シカの大量死が起こり、個体群は壊滅した。

襲ってくる肉食動物がいないという天国を満喫していた草食動物は、カイバブ平原のシカのように、（植物の現存量は少ないものの）大発生し、そして餌不足や病気の蔓延で絶滅してしまった。わずかに生き残ったのは、小型の雑食性動物であった可能性が高い。すなわち、生活史が相対的に非特殊化していれば、食物摂取に融通性があり、また、そのほかの生活史でも可塑性が高かったからであろう。生活史のいろいろな面で特殊化していた種は絶滅しやすかったといえる。

中生代の終わりごろとなれば、それぞれの生態系に含まれる生態学的地位の数は増加し、「食う–食われる」関係の食物網は複雑化していたはずである。それぞれの生態学的地位は細分化され、それぞれ特異的な環境要求をもつようになっていたに違いない。とすれば、現世のネズミ類のように、雑食性で融通性に富んだ生活史をもっている種しか生き残れなかったといえよう。そして、地球環境がもとのように落ち着いた後、空白となっていた生態学的地位に、彼らは適応放散したのである。

地球ができて以来、天体の衝突が何回も起こっていることは、月のあばたをみればよくわかる。大きなクレーターは大きな天体が、小さなクレーターは小さな天体が衝突して形成されたはずで、地球に対しても同様の衝突が何回も生じていたに違いない。ただし、地球には、動く水があり動く空気があり、そして生き物がいた。しかも大陸は移動する。水中にできたクレーターは水の動きで徐々に消滅し、陸上のクレーターは風や植物によって形が崩されていく。

とはいえ、地球上の生き物に対する衝突の影響は天体の大きさに依存していた。研究者によって推定結果は千差万別であるものの、天体の衝突による「生物の大絶滅」は、少なくとも過去五回は起こったというのがコンセンサスのようである。

この五回の大絶滅において、分類学上の「科」が少なくとも毎回一七%以上は消滅したということが、化石（主として海洋生物）の資料からわかってきた。一つの科には何十から何千という種が含まれているので、絶滅した種の数は膨大なものとなるだろう。

最初の大絶滅は「オルドビス紀の大絶滅」と呼ばれ、四億四〇〇〇万年前に起こり、科の二五%が滅亡したと推定されている。つぎが「デボン紀の大絶滅」で、三億七〇〇〇万年前に起こり、科の一九%が消滅した。とくに海に住む生き物たちに大きな影響があったらしい。三番目が「ペルム紀の大絶滅」で、二億五〇〇〇万年前に起こっている。科の五四%が絶滅したといわれ、このとき、三葉虫も絶滅した。地球は「死の星」とみえたかもしれない。「三畳紀の大絶滅」は二億一〇〇〇万年前に起こり、科の二三%が滅亡したという。哺乳類型爬虫類なども絶滅したが、この絶滅を機に、恐竜

（＋初期の哺乳類）が適応放散を開始している。

そして「白亜紀の大絶滅」が六五〇〇万年前に起こった。このとき、科の一七％が絶滅したのである。われわれは、これまで、恐竜の絶滅こそ地球の歴史上最大の大事件であるかのように考えてきた。しかし、ペルム紀の大絶滅ではなんと五四％もの科が失われており、割合からみれば、恐竜の絶滅よりもはるかに大事件であった可能性が高い。それにもかかわらず、恐竜の絶滅が大事件なのは、恐竜自体がロマンをかき立てるだけでなく、恐竜の絶滅過程が、現代に生活するわれわれに対して、つぎの項で述べるように、多くの示唆を与えるからなのである。

どの大絶滅の後も、新しい種が誕生して空になった生態学的地位が埋まるには時間がかかったらしい。そして、今、第六番目の大絶滅が始まった。熱帯林の伐採などによる直接の人間活動によるばかりでなく、天体の衝突と同様の気候変動を人間活動が生じさせているからである。人間が生じる以前、気候変動などによる「自然絶滅」は、年間で一〇〇万種あたり一種程度であったらしい。ところが、この比率は、現在、一万倍に上昇してしまった。これまでで被害の大きいのは、甲虫類と両生類、鳥類、大型哺乳類で、さらに熱帯林の動植物が絶滅の危機に瀕し、この状況は加速度的に悪化している。

孤児

「恐竜の絶滅過程の研究」は、これからも、もっとたくさんのことをわれわれに教えてくれるに違いない。かつて、生物の進化とは、単細胞生物が出現した後、多細胞生物へと進化し、徐々に複雑な体制をもった生き物へと変わり、最後に、われわれ人類が出現したと考えられていた。生きとし生けるものすべての王様として、天地創造の最後に、神様がわれわれをつくったのである。このような聖書の記述を辿らずとも、生命の起源以来の生物の形（＝種）の進化は、ところどころで停滞したりして速さの変化はあるものの、進化は一本調子でわれわれ人類まで上りつめたという暗黙の了解があったらしい。これを基礎として、ドレークは、宇宙に知的生命体がいるかどうかを推定する方程式を提出した。

知的生命体とは、われわれ人類のように、過去を知り己を知り未来を洞察でき、宇宙へ飛び出せるほどの科学技術力をもつ生き物と定義された。「人類＝知的生命体」という定義はかなり無邪気に描かれているが、少なくとも、これくらいの知的水準の宇宙人とコンタクトをとりたいという願望であったのかもしれない。提示された方程式に含まれるパラメーターは、銀河系で一年間に誕生する恒星の数にその恒星が惑星系をもつ確率を加味し、その中で生命の誕生と進化に適した環境をもつ惑星の出現率を考慮している。恒星に近すぎれば水星のように灼熱地獄で生命は存在できないであろうし、遠すぎれば火星のように熱が足りない。太陽–地球のような中途半端な距離であるからこそ、氷–水–水蒸気が時と場合により存在でき、生命の誕生の揺りかごとなれるのである。

惑星の数が推定できたなら、つぎに、その惑星で実際に生命体が出現する確率が必要となる。そして、その生命体が知的生命体に進化する確率が加味され、その知的生命体がほかの天体の知的生命体と交信できるだけの文明に発展する確率も必要である。もちろん、その文明の寿命もパラメーターに入れねばならない。

ドレークの方程式のパラメーターにいろいろな数字をあてはめた結果、楽観論者は、銀河系宇宙に、人類と同じような知的水準をもった生命体の存在する星の数は一〇〇万は下らないだろうと予測している。ところが、恐竜の絶滅の引き金となったのが天体の衝突であり、このような天体の衝突による大絶滅が少なくとも過去五回は起こったということが明らかになると、話は変わってきた。なにしろ、衝突したときに存在していた生き物たちは、絶滅したり、進化がいったん途切れたり、停滞したりしたはずだからである。極端にいえば、天体の衝突が起こるたびに、進化の流れがリセットされたといえよう。したがって、進化は一本調子で人類の誕生へと進んではいなかったのである。

そして、人類は出現した。とすれば、タイミングよく天体の衝突が起こらねば、人類のような知的生命体は生じないことになる。ドレークの方程式に「天体の衝突確率――ただし生き物を全滅させない程度が複数回」というパラメーターを加えねばならない。しかし、過去五回の大絶滅の歴史は、この確率がほとんどゼロといえるほど低いことを示している。もしそうなら、銀河系宇宙に人類のような知的生命体はほとんどいないのかもしれない。最悪の場合、われわれは宇宙の孤児なのである。ただし、現世の人類と直接つながるホモ・サピエンス・サピエンスが、今からたった一二・五万年前に生じたにすぎないということは、環境条件さえ整えられれば、人類程度の種なら、生物学上、簡単に出現してしまうことも意味している。

SFの小説や映画では、いろいろな種類の宇宙人が登場している。人間のような姿をしていたり、人間とはまったく異なる形をしていたり、平和的だったり、敵対的だったりと、お話の内容には、それのつくられた時代背景が微妙に影を落としているという。しかし現実世界において、ようやく火星へ行く準備をすることが可能になったというレベルで、人類の宇宙旅行には、乗り越えねばならないたくさんの壁のあることがわかってきた。人間と同様の生理機能をもった宇宙人がこれらの障害を克服し、空飛ぶ円盤（今ではUFOというらしい）に乗って地球を訪問しようとするなら、地球人よりもはるかに進んだ科学技術をもっていない限り不可能なのである。

それでも、無線なら交信できるかもしれない。一九六〇年以来、電波望遠鏡を用いて、宇宙から地球へやってくるさまざまな電波を解析し、宇宙人からのメッセージを読み取ろうという試みが行なわれてきた。一〇年ほど前からは、宇宙ステーションなどに設置された電波望遠鏡が拾った電波を、世界中のインターネットに繋がったパソコンで解析し、メッセージを探そうという試み（SETI）が、カリフォルニア大学バークレー校を核として始まった。残念ながら、毎年のように、意味のあるメッセージがみつかったという報道と、じつは違っていたという訂正報道が繰り返されている。宇宙人の存在を信じ、宇宙人とコンタクトをとりたいというロマンはいつまでもち続けられるのだろうか。

警告

大絶滅を引き起こした天体の衝突が少なくとも五回あったとして、では、つぎにいつ衝突が起こるのかを知りたいのは人情である。ところが、あの五回を並べても、なんら規則的なものは得られない。かえって、ペルム紀の絶滅と三畳紀の絶滅の間が四〇〇〇万年で、白亜紀の絶滅が六五〇〇万年前であることから、現在、いつ衝突が起きても不思議はないという状況になっているともいえる。

地球のような大型の惑星ではなく、岩の破片のような小さな物体となると、数え切れないほど多くが太陽系を回っているらしい。これらは小惑星と呼ばれ、自ら光を発することがないので、なかなかみつけられず、毎年のように新しく発見され、名づけられ、軌道計算されている。これらはときとして地球と衝突するようで、一九〇八年六月三〇日朝、地球にやってきた直径七〇メートルの小惑星は、シベリア・ツングースカ上空の約六〇〇〇メートルで爆発飛散した。その規模は、広島型原爆の一〇〇〇発に相当するとされ、東京都に匹敵する面積のタイガがなぎ倒され、燃えたといわれている。

近年でも、地球に接近する小惑星はしばしば発見されている。たとえば、2002MNという小惑星は、直径一〇〇メートルで、二〇〇二年六月一七日に発見され、六月一四日に地球最接近（約一二万キロメートル）していたことがわかったという。2002NY40という小惑星は、直径数百メートルで、七月一四日に発見され、八月一八日に約五二万キロメートルまで接近している。二〇〇四年三月三一日に発見された直径八メートルの小惑星は、同日、地表から六六〇〇キロメートル上空を通過したという。すなわち、地球に近づく小天体は、せいぜい、最接近の一カ月前にしか気づかれないのである。なお、二〇〇二年の『サイエンス』の記事によると、1950DAと名づけられた直径一キロメートルの小惑星は、一九五〇年二月二三日に発見されたものの行方不明となり、二〇〇〇年一二月三一日に再発見され、軌道計算をやりなおしたところ、二八八〇年三月一六日に地球と衝突する確率が一〇〇〇分の一になったという。この確率は、宇宙の感覚でいうと「必ずあたる」確率だそうである。だれかタイムマシンに乗って確認にいってくれないだろうか。

小惑星の衝突――すなわち落下速度は、秒速二五キロメートルと計算されている。もし直径が五〇〇メートルくらいであったとすると、衝突時に放出されるエネルギーは一万メガトンを超えるという。つまり、広島型原爆の五〇万倍以上に相当する。とすれば、大きなクレーターができ、地震が起こり、津波が起こり……と、いつかきた道の小規模版が再生される。

恐竜の絶滅のきっかけとなった天体の衝突と、それによって引き起こされた地球環境の大変動は、現在の地球環境の変動と類似点が多い。そもそも、世界のどこかでちょっと大きめの火山が噴火・爆発すれば、世界のあちこちで冷夏や暖冬になって、人間生活に影響が生じ大騒ぎとなる。

江戸時代に起こった天明の大飢饉は、浅間山の大噴火による噴煙で日照不足となったためである。一八八三年八月二七日に起きたクラカタウ島の大爆発では、火山灰が地上五万メートルまで上昇し、すべてが地表に落下するまでに一〇年かかったという。

地球環境の温暖化は継続中で、それを抑えるための一九九七年の京都議定書はなかなか遵守されていない。熱帯林の伐採に代表される生き物の生息地の破壊は、二一世紀になって、年間四万種のスピードで種を絶滅させるようになったという。この数字は、一九〇〇年前後における絶滅スピード（年間一種）と比べると、はるかに高く、生き物群集だけでなく、人間生活にも多大な影響の生じてくることが懸念されている。

天体の衝突直後の影響に注目した研究者もいた。アメリカの天文学者であったカール・セーガンは、一九八三年、もし核戦争が起こり、世界の核兵器の一割が使用された場合を想定した。その結果、核爆発によって舞い上がる粉塵は、白亜紀の恐竜を絶滅させた天体の衝突によって舞い上がった土砂・粉塵とほぼ同量となったという。とすれば、恐竜時代と同様に、地球は暗黒となり、太陽光は地表まで届かず、地球は冷却され、「冬」となるに違いない。これを「核の冬」という。光合成ができずに地上の植物は減り、植食動物は減り、……、と恐竜時代の衝突を再現することになる。

もちろん、粉塵はいずれは地表に落ちてくるので、地球はもとのように明るくなってくるだろう。しかし、恐竜時代は「酸性雨」を経験するだけだったものが、核戦争後では、雨粒の中に放射能が含まれている。したがって、たとえ核戦争で勝敗が決まったとしても、この雨は全世界で降るので、人類は勝敗に関係なく絶滅への道を辿ることになってしまう。

第4章——秘伝の継承

利己的遺伝子の生態学

伝承

一八七一年にドイツ在住のスイス人フリードリヒ・ミーシャーが発見したＤＮＡは、その後半世紀以上にわたって顧みられなかった。つぎに注目を集めるのは、一九四三年にカナダ人のオズワルド・エイブリーが、死んだ細菌のＤＮＡを取り出し、それを異なる種類の生きた細菌に注入したところ、死んだ細菌にしかなかった性質が、注入された細菌の中でよみがえったという発見まで待たねばならない。

時、あたかも「物理学が原子爆弾」をつくり、「化学が自然界に存在しない有機化合物」を合成する時代であった。「自然現象はすべて物質に帰結する」という強烈な感覚が自然科学界の主流を占めるようになり、「生き物だって〝すべて〟物質で説明できるはず」という信仰が生じたころである。

その流れに乗って、「生き物らしさ」がもっとも発揮される「生殖」をいかに物質レベルで説明できるかに注目が集まっていた。「カエルの子はカエル」であり「トンビはタカを産まない」というメカニズムを解明するのである。そこには親から子へと伝えられる「遺伝物質」が存在しなければならないと考えられていた。

事はそう単純に解決しなかった。子どもは卵と精子からできる。親と子の類似性を考えれば、それぞれに遺伝物質が入っていなければならない。すりつぶせば、どちらからもタンパク質やある種のアミノ酸、プリン塩基、核酸などがみつかっている。すでに染色体の減数分裂が知られていたので、その中に遺伝物質は入っているだろう。したがって、遺伝物質の性質は、体細胞分裂をしても減ることはなく、何世代と進んでも子孫の体内に過剰にたまることもなく、親と同じ形質をもった個体になれるように発育させるなんらかの仕掛けがなければならないのである。これらを満足させられる分子モデルが提出できて、はじめて「物質としての遺伝子」が解明されたといえるのであった。

当時の欧米では「遺伝子の本体を特定できたらノーベル賞」という合言葉があったらしい。有名無名の研究者が、われもわれもとノーベル賞盗りに名乗りを上げたようである。ノーベル化学賞を受賞し、その後はノーベル平和賞まで受賞したフランスのポーリングもその一人で、三重螺旋などのアイデアを提出したという。しかし、ワトソンがさまざまな手練手管を駆使して競争者を排除し（本人の弁）、一九五三年（この年弱冠二四歳）、クリック（三六歳）とともに決定打を打ったのである。

さて、ヒトは六〇兆個もの細胞で構成されている多細胞生物といわれているが、そのもとを辿ればたった一つの受精卵であった。これが分化、増殖を繰り返して同種の細胞が集まって同じ機能をもつ組織を構成し、さらにいくつかの組織が集合して器官を形成している。そして、どの細胞の中にも、それぞれ総延長が一メートルにもなるDNAの完全なコピーが入っている。ヒトの場合、DNAのコピーは約二〇〜三〇分で完了する。DNAには約四〇億の塩基対があるので、もし一秒間に一〇〇個ずつ塩基対を数えたとすると、すべて数え終わるのにちょうど一年かかってしまう。したがって、このコピー速度は驚異的な数字である。

ワトソンとその一派は、DNAからメッセンジャーRNAを経てタンパク質へ至る流れを「セントラルドグマ」と呼んだ。これこそが生物学の発展の中心となるべき理論であると宣言したのである。二本鎖のDNAは、コピーされるときに遺伝情報を完全に保持することが（理論的に）できて、生殖するときは半減してパートナーのDNAと一緒になってもとの量に戻っていく。しかし、セントラルドグマのもっとも大事なことは、生成されたタンパク質そのものなのである。もちろん、これは体の物理的構造を保つ骨格になるわけだが、「酵素」としての役割が強調されねばならない。酵素の機能とは「細胞内の化学的プロセスの制御」である。その結果、「豚肉を食べてもブタ」にならないばかりか、なにを食べても自らの祖先の形質を引き継いだ個性のある姿・形になっていくのである。

ワトソンの提出した遺伝情報モデルは、理論的にいうと、減数分裂をして配偶子に乗せる遺伝子が、父親起源か母親起源のどちらかになってしまうことを示している。しかし、実際には、父親と母親の両方の遺伝子がモザイク状になってそれぞれの子どもへ伝わっていた。じつは、有性生殖の場合、子どもへ伝える前に遺伝子は混ぜ合わされていたのである。顕微鏡でみることのできる染色体のレベルでも、「組み換え」や「交叉」は起こっている。ヒトを除き、一頭の雌が生涯に一頭しか子を産まないということはありえないので、たくさんの子どもを産めば産むほど、父方の遺伝子も母方の遺伝子も、ほとんどすべて、つぎの世代へと伝わっていくに違いない（生まれた子どもが成長する途中で死ぬことは、とりあえず考えない）。この結果、一個の遺伝子は、何世代もの個体の間を通って生き続けることになる。

遺伝子が何世代も何世代も受け渡されていくことを、ドーキンスは「不死身！」と呼んだ。そうなるためには、彼らがその中に住み、彼らが構築した生き物の体の生活効率がよくなければならない。社会生物学の旗手でありスポークスマンとなったドーキンスはいった。

「昔、原始のスープの中を自由に漂っていた〝遺伝子〟は単純な物理的な偶然性によって生き残ってきた。しかし現在、タンパク質の鎧の中に潜んだ遺伝子は、〝生物＝生存機械〟をつくることのうまい遺伝子（＝胚発生を制御する術にたけた遺伝子）のみが、結果的に、生き残るようになったのだ」

動物の振る舞いも、本質的には遺伝子によって制御されている。ドーキンスは、このメカニズムをコンピューター・ソフトのチェスや将棋、囲碁と類似して説明した。すなわち、プログラムが重要なのである。ソフトのプログラムには、古今東西のすべての棋譜を、名人戦から縁台将棋に至るまで、長いリストにして打ち込んであるわけではない。そんなことをしたら、ファイルが大きすぎてＣＤ一枚ではとてもまかなえないであろう。むしろ、可能性のある出発位置と駒の基本的な動き、ヒント（王は無防備にするな、両取りの可能性を追求せよ、など）を入れて、あとはソフトの独自性に任せているはずである。

ソフトの作成者は対戦相手と会うわけではないし、コンピューターはソフト作成者につぎの一手の指示を仰げない。したがって、指令はプログラムとして「前もって」与えられており、そのプログラムは、ある特定の対戦者ばかりでなく、どのような段位をもった対戦者にも適用できるように、局部的情報の吸収能力と融通性を大きくしてあるはずである。この方法は、生物を直接操れない遺伝子が「生物＝生存機械」の行動を制御するやり方と変わらない。

もちろん、遺伝子はタンパク質合成を制御できる。しかし、それが効果をおよぼすまでには何カ月もかかってしまう。ところが、動物の振る舞いは一分一秒が勝負である。アフリカの大平原で、向こうからやってくる捕食者をみたときに、速く走って逃げられる足を遺伝子様がつくってくれると約束しても、それが完成するまでには何カ月もかかるので、その前に、勝負はついてしまう。その個体が食べられるとともに、それに乗っていた遺伝子様は永久に消滅するのである。したがって、コンピューター・ソフトと同様に、「予測」できる限りの不慮の出来事に対処するための「規則と忠告」を前もってプログラムして、あらかじめ最善の策を講じておき、結果的に、それに成功した遺伝子しか、現在まで残っていないのである。

生残できるかどうかは一種の賭といえよう。もちろん、動物は意識をもって計算ずくで振る舞うのではなく、「平均してうまくいくように＝遺伝子が生存するように」遺伝的にプログラムされているにすぎない。そして、「うまくプログラムされていた動物のみが生残していく」ことと「その遺伝子が増えていく」ことはほぼ同じ意味をもっている。とすれば、結果論として、遺伝子の「生き物」に対する最終命令は「自分を生かしておくのにもっともよいと思うことをなんでもやれ」しかないと、ドーキンスは喝破した。遺伝子は「利己主義を追求せよ」と「生き物の頭の中に」プログラムとしてささやいているのだ。

戦略

現実に生活している一匹の「生き物」にとっての「環境」は、「非生物的環境」と「生物的環境」に分けられ、後者はさらに「種間関係」と「種内関係」に二分できる。そのうちの後者は「生活に必要なあらゆる資源をめぐる直接的競争相手」となる環境を指す。すなわち、同種他個体たちは、当該個体が生き抜いて、子孫を増やそうとするときのもっとも手強いライバルなのである。理論的に、彼らは自身と寸分たがわぬ生存欲求をもっているので、あるときは餌をめぐって、あるときは隠れ家をめぐって、あるときは異性をめぐって、さまざまな状況で資源の取り合い（＝競争）をすることになる。「自己のコピーを子々孫々まで増やせ」が「生き物」を操っている「遺伝子の意志」だからであった。

原始のスープの中で生じた「遺伝子」がタンパク質の鎧を着て、その鎧が「生き物」と名づけられようとも、「遺伝子」は「生き物」の体の中でつねに原始のスープ内におけるときと同様に振る舞っていた。すなわち、結果論としての「コピーの作成」である。

原始のスープ内では、鎖状の遺伝子が自分自身で直接部品を集めて、自分のコピーをつくっていさえすればよかった。しかし、「生き物」の体内におけるコピーの作成は簡単ではない。確かに、一個体の生き物の中に自分のコピーをたくさんつくることはできるが、それらのコピーはその個体と生死をともにしているので、一蓮托生である。同じ個体の中にコピーがいくら存在しようとも、その個体が死ねば、コピーたちはその「生き物」と心中することになり、その瞬間に絶滅してしまう。「自己のコピーを子々孫々まで残す」ためには、その個体に子どもをつくらせてつぎつぎと乗り換えていかねばならないのである。いいかえれば、現在の地球上に存在するすべての遺伝子は、このような「子孫を増やす競争」に勝ち残ってきたといえる。したがって、今、現実に生き残っている遺伝子たちが生き物に対して与え続けているプログラムの最終命令をいいかえれば、「邪魔なライバルはすべて殺せ」であってもおかしくない。

長い長い生命の歴史の結果は、地球上のすべての生き物を自分のコピーをつくることに専念する自己中心主義にしてしまい、「血に飢えたようにたがいに殺戮を繰り返す個体ばかりにした」のだろうか。しかし古典的動物行動学では「共食いや同種内での殺し合いはめったにみられない」という結論に達していた。すなわち、「戦いは形式的・儀式的」だったのである。殺し合いがなければ「外見上の平和」が続き、種個体群の内部からの崩壊は防げるかもしれない。これこそが「種の維持のため」

になる。これを「種にとっての善」という。「原始のスープ以来、連綿と続いてきた遺伝子」という考えの行き着いたところとはまったく正反対と思える結論を、古典的動物行動学は提出していたのである。

生き物が競争したり闘争したりすることを「戦争状態」と考えて、人間世界において、国どうしの戦争でいかに勝つかという理論を生物界に置き換えることが、二〇世紀の中ごろからさかんになってきた。二度の世界大戦を経て、冷戦やゲリラ戦などの不定期戦を含め、主としてアメリカで、「勝つための理論」が研究され発展してきたのである。その中心となったのが「戦略」と「戦術」という概念であった。

じつは、わが国において、孫子の兵法をひくまでもなく、戦略と戦術の本質的な違いを表わすことわざがたくさんあった。「木を見て森を見ず」や「損して得取れ」「大の虫を生かして小の虫を殺す」「名を取るより実を取る」「負けるが勝ち」。にもかかわらず、一五年戦争（アジア・太平洋戦争）当時の政府や軍隊の指導者たちは、戦術と戦略の違いを正確に理解できなかったらしい。その結果としての負け戦の連続と惨状は目を覆いたくなる。しかしこのとき、アメリカは戦術と戦略をはっきりと区別していた。強力な戦車や戦闘機で日本軍を圧倒し（＝戦術）、軍需工場だけでなく、女・子どもという非戦闘員が生活している日本の各都市を徹底的に無差別爆撃して殺戮した（＝戦略）のである。

遺伝子の究極の目標が「個体群中に自らのコピーが未来永劫拡がっていくこと」として、どの個体も徹底したケンカ好きだったという種を仮定してみよう。腕力に訴えて相手をやっつければ目先の資源を手に入れられるのは事実である。しかし勝敗は時の運。自分が返り討ちにあう可能性も半分ある。自分だけ百戦連勝で、利益だけ得られるというような都合のよい話はないだろう。しかも、三角関係ならまだしも、それにもう一個体加わったとしたら、各個撃破していくのは危険が多すぎる。とすれば、闘争相手を打ち負かすためのなんらかの策略を考えねばならない。

古典的動物行動学によると、外見上平和主義的な種がたくさん存在していた。オーストラリアのマイコドリの雄によって行なわれる雌の獲得闘争は「のど自慢大会」である。子どもの絵本の中のカエルの闘争は、にらみ合って腹を膨らませる競争であった。このような、相手に手をかけない闘争を行なう極端な戦略モデルとして「ハト派」、まるっきり反対の戦略を採用する個体を「タカ派」と名づけてみる。なお、「ハト」や「タカ」は生物名ではなく、政治活動の慣用語である。

ハト派の戦略を採用する個体は、相手がハト派であった場合、「もったいぶった規定どおりのやり方で威嚇する」という戦術をとるが、相手がタカ派であった場合、一目散に逃げてしまうという戦術をとると定義する。一方、タカ派の戦略をとる個体は、相手がタカ派であれハト派であれ、いきなり襲いかかるという戦術をとっているとする。このような場合、個体群の中には、長い目で見て、どちらの戦略を採用した個体が増えていくのであろうか。もし個体群を構成する個体すべてが心の底から暴力を好まない平和主義者であったとしたら、ほんとうに個体群全体がハト派となってまとまっているのだろうか。

重要な点は、具体的な戦いにおいて、タカ派とハト派のどちらが勝つかではない。この場合には、タカ派が勝つに決まっている。知りたいのは、どういう状況が、個体群にとっての進化的に安定な戦略（ESS: Evolutionarily Stable Strategy）なのかということである。すなわち、ＥＳＳは生物の適応戦略を分析する手段の一つである。

それぞれの戦略者の子孫の増え方を比較検討するために、仮想の戦いを設定し、勝敗に得点を与えることにする。とりあえず、勝者に五〇点を与えよう。戦いに勝つことで餌にありつけて寿命が延びたり、交尾できたりすることで、五〇点分多く子孫を残せたとするのである。もちろん、敗者は〇点である。また、定義により、負けたタカ派は重傷となるので（たとえば、一カ月ほど洞窟に引きこもって傷口をペロペロなめて回復に努めるため、その間は子孫を増やそうとする戦いに打って出られない）、ペナルティとしてマイナス一〇〇点、ハト派どうしの戦いでは時間がかかるので（にらみ合っている間に、第三者に漁夫の利を占められることだってある）、ペナルティとしてマイナス一〇点を与えることにしよう。これらの点数をいろいろな組み合わせの戦いについて計算し、高い平均得点を得た個体が遺伝子プール内に多くの遺伝子を残すことができた「成功した」個体とするのである。

個体群を構成する個体のすべてがハト派であった場合、資源をめぐる戦いはすべてハト派対ハト派となる。このときの勝者は五〇点をそのままもらえない。時間の浪費があるので、一〇点のペナルティを引き算し、四〇点となる。敗者も同様に時間のペナルティを引き受けるので、〇点ではなく、マイナス一〇点となってしまう。これらの個体が生涯に無限大の戦いを行なう（あるいは、無限大の数の個体が戦いを行なう）とすると、勝敗は時の運。すなわち、勝ちと負けは半々になるだろう。したがって、具体的な戦いでは、勝てば四〇点、負ければマイナス一〇点をもらうとしても、長い目で見れば、一戦あたりの平均獲得点数は一五点と計算できる。したがって、どのハト派個体も、一五点分ずつ子孫を増やしていくことになる。

ここにタカ派が一個体加わる（あるいは、ハト派が寝返る）と、そのタカ派は、どの戦いでも相手はハト派しかいないので、必ず勝ち、なんのペナルティもなく、五〇点丸儲けとなってしまう。したがって、タカ派の子孫はハト派よりも三五点分多いので、つぎの世代では、タカ派の割合が増加することになる。

逆に、全員タカ派であった場合、タカ派対タカ派の勝者は五〇点もらえるものの、敗者はマイナス一〇〇点となる。したがって、ハト派のように平均点を計算すれば、一戦あたりの平均獲得点数はマイナス二五点となる。したがって、ここにハト派が一個体加わる（ないし、タカ派が寝返る）と、そのハト派は、どの戦いでも相手はタカ派なので、必ず負けるものの、なんのペナルティもないため、〇点もらえることになる。すなわち、タカ派よりも二五点分得をしてしまう。つぎの世代ではハト派の割合が増加するのである。

ハト派とタカ派がどの割合で落ち着くかは、個体群中のハト派の割合をｐとして（ｐは〇と一の間しか動かない）、ハト派が得る点数とタカ派が得る点数をｐで表わし、両者の割合が落ち着くのは、どちらも同じ点数を得るときなので、両者をイコールとして解いてやればよい。簡単な一次方程式となるので、この本の余白で計算してみてもらいたい。

結果は五対七の割合で落ち着き、このとき、ハト派もタカ派も一戦あたり六・二五点をもらうことになる。この状態はＥＳＳと呼ばれ、その個体群を構成している個体にとって有利なのではなく、いったんこの状態に達したら、どの個体も裏切れないという機能をもっている。

このモデルでは、どの個体もすべてなりふりかまわず「自分だけがもっとも高得点を取る」ことを追求した結果を検討するために、戦いは無限大の回数行なっている。計算結果によると、ここで定義した点数のもとでは、われわれが倫理的に共鳴するハト派戦略者が個体群内のすべてを占めることを許さなかった。といって、全員タカ派戦略者となることもなかったのである。このとき、ハト派もタカ派も一戦あたり六・二五点をもらえたが、全員ハト派であればどの個体も一五点もらえることと比べるとかなり低い。ドーキンスは「国道沿いのガソリンスタンドの安売り合戦と同じだ」といった。「この値段で売ろうね」とみなで約束した協定料金は、必ず破られたからである。

計算

個体群中のハト派とタカ派がどの個体も同じ点数を得ることで落ち着くまでには、両派は異なる点数を得ていることになる。ハト派は、ハト派に出会ったとき一五点もらえるが、タカ派に出会ったときは〇点もらえるので、それぞれの点数に、個体群中のハト派とタカ派の割合で重みづけてやればよい。タカ派の場合も同様にして、両者の合計が平均点となる。前述のように、ハト派の割合をpとおいて計算すると（0≦p≦1）、個体群を構成するすべての個体の平均得点は、上に凸の放物線の式となる。

pは〇（全員タカ派でマイナス二五点）と一（全員ハト派で一五点）の間しか動かないが、この区間に放物線の頂点のあるところがミソである。すなわち、個体群を構成するすべての個体を平均して、もっとも高い得点となるのは、ハト派対タカ派が五対一の割合なのである（p＝5/6）。いいかえれば、この割合になった個体群は、全体としてみれば、ほかのどのような割合をもった個体群の全体の獲得点数と比べても最高点を取っているのである。

このときの平均点は一六・六六…点であり、あの「六・二五点」よりはるかに高い。しかしそれはハト派が一二・五点、タカ派が三七・五点を得た結果であり、ハト派の犠牲の上に成り立つ得点といえよう。ところが、この状況はすぐに変化する。つぎの世代には、タカ派がこの差の二五点分だけハト派よりも増えるので、個体群中のタカ派の割合が増加するからである。したがって、ハト派とタカ派の割合が落ち着くのはここではなかった。このことは、「みなでハト派をやろう」という約束は反故にされるばかりか、「みな（＝個体群）のためにハト派が犠牲になろう」ということもないことを示している。そして「みな」が「同じ」低い点しか得られなくなってしまった。

じつは、ここにあげた五〇点や〇点という得点は勝手に決めたものであり、たんに得点の差を「相対的」な繁殖成功度の差と考えて、比較しているにすぎないのである。したがって、それぞれの得点をどのように変化させようがかまわない。「勝者は敗者よりも莫大な利益が得られる」ように点数を上げたり、「勝っても、得られる利益はそれほど大きくない」ように点数を下げたりすることもできる。

では、勝者の得点を変えて検討してみよう。縦軸にハト派の割合pをとり、横軸に勝ったときに得られる点数をとると、中学レベルの算数をゴチャゴチャとやれば、右下がりの直線式が得られる。

この直線式はかなり意味深長である。まず、勝ったときに得られる点数が一〇〇点を超えると、個体群の構成員はすべてタカ派になってしまうことを示している。すなわち、極地方や砂漠などのように、環境が厳しく、勝ち負けによって獲得資源量に大きな差のつくような生活場所に住む種であればあるほど、ハト派戦略が排除されやすいのである。また、性比は普通一対一であるとはいえ、交尾を受け入れる雌がいつも極端に少なくなっているような個体群でも、タカ派的な雄が多くなっていることを予想させるだろう。

勝ったときの得点が低くなれば、ハト派の割合が増加する。勝ったところで獲得資源量がそれほど多くなければ、無理してタカ派戦術を採用して、マイナス一〇〇点というペナルティの危険を冒したくないだろう。ところが、「全員ハト派」にはならず、個体群中にタカ派が残ってしまうのが重要な点である。「全員ハト派」になれるのは「マイナス二〇点」、すなわち「勝った個体が負けた個体よりも低い点をもらう」という非論理的な状況にならねばならない。このような状況が生じた理由は、個体群中でハト派が多くなればタカ派どうしの出会う確率は低下し、「重傷を負ったときのペナルティ」

の確率が相対的に低くなることと、「時間のペナルティ」がハト派どうしの場合の戦いではつねに効いているからである。

負けたときの点数を動かすと、勝ったときの点数の動きと正反対になる。負けたときの点数がだんだんと大きくなれば、どんどんpの値は下がっていき、マイナス五〇点を超えると、個体群の構成員のすべてがタカ派になってしまう。すなわち、重傷と時間の浪費のペナルティを固定した場合、勝ち負けの差が一〇〇点を超えると、全員タカ派になるのである。

重傷のペナルティを動かすと、計算は少しやっかいとなるが、双曲線が得られる。ただし、pの範囲が決まっているので、双曲線のほんの一部分しか対応しない。重傷のペナルティが小さくなって、マイナス五〇点になると、個体群のすべてはタカ派になってしまう。一方、この双曲線の横方向の漸近線は一なので、ペナルティをどんなに大きくしても（マイナス無限大）、タカ派は個体群中に残ることになる。

時間のペナルティを動かすと、同様に双曲線が描かれ、関係する漸近線はハト派がゼロのときとなる。すなわち、時間のペナルティをどんなに大きくしても（マイナス無限大）、ハト派は全滅しないことになる。

これらの結果は、論理的に矛盾する状況を除けば、状況により、個体群内からハト派やタカ派を排除できないことを示しており、それぞれの派の戦略として定義した本質と深くかかわっていた。前者では勝っても負けてもペナルティがかかってくること、後者では勝てば莫大な利益が得られることなどである。したがって、これらの本質を変えてやれば、結果は変わってくるだろう。ハト派やタカ派などという比較的「教条主義的」戦術しかもたない戦略者は、普通、自然界に存在しない。たとえば、自分が先住者の場合はタカ派戦術をとり、侵入者の場合はハト派戦術をとるような、われわれ人間の振る舞いにもあてはまりそうな戦略者がいたとする。このように時と場合によって戦術を変えることのできる戦略を「条件戦略者」といい、この戦略はブルジョワ派と名づけられている。

条件戦略者には、ブルジョワ派のほかに報復派や試し報復派などさまざまに定義された戦略がある。これらを含めてコンピューター・シミュレーションを行なうと、ハト派やタカ派は個体群内に占める位置が不安定となり、最終的には絶滅する可能性が高くなることが明らかにされてきた。とくにタカ派は、ハト派と比べても戦略に融通性がないので真っ先に絶滅することがわかっている。したがって、この結果は、「殺し合いをやるような種はめったにいない」という古典的動物行動学の結論と矛盾しないのである。

ハト派-タカ派のゲーム理論の出発点は、一九五〇年代はじめに発達した実験心理学といわれている。逮捕された二人の泥棒が、おたがいの不信感+利己主義から、それぞれ別個に自白してしまい、裁判所で「貴様、裏切ったな!」と罵り合うという「囚人のジレンマ」や「非ゼロサムゲーム」がその典型例といえよう。いずれにしても、モデルでは、ハト派やタカ派を構成する個体は、どの個体も自己の子孫をできるだけ増やそうとする「利己主義」であるという前提だけで出発していた。しかし、動物の中には「わが身を犠牲にしても」所属する集団のために尽くす個体のいることは事実である。これらの個体の振る舞いは、われわれの倫理観という琴線に触れ、われわれを感嘆させてきた。遺伝子たちは、われわれの倫理観に沿って、心を入れ替えたのだろうか。それとも……。

特攻

どの種においても、「殺人をしてはいけない」という行動様式が、構成するすべての個体の脳の中に組み込まれており、「種内で殺し合いをする種はいない」と、古典的動物行動学は結論づけていた。この考えは、「殺人」を「悪」と規定する人間社会の倫理観には違和感なく受け入れられている。

殺人犯は「脳の中に組み込まれているはずの平和主義の回路が切断されている」障害をもった人間なので、いつ何時人殺し行動に走るか予測できない。したがって、彼らをのさばらせておくことは危険で「〈本人ではなく〉人類の生存にとって不幸」であり、このような「行動遺伝子」をもつ人間は、人類社会から排除すべきであるとまで、ローレンツらの主張は発展・暴走した。なお、大量殺人者は「勇敢な善人」なので勲章をもらえることになっているが、この場合、戦争相手国の人間を「鬼畜米英」とか「ジャップ」と呼ばせ、同種内の個体ではなく「別種」とみなすようにマインドコントロールして、「種内の殺し合い」という罪の意識をもたせないようにするらしい。

「平和主義の動物たち」というような解釈は、意識的であろうと無意識的であろうと、動物の振る舞いを、人間の社会的振る舞いと対応させせながら解釈する素朴な思考方法である。動物の振る舞いの知識が増えるに伴い、その振る舞いの記載に人間の振る舞いの言葉をあてはめざるをえなくなった結果、人間の振る舞いとの対比はますますさかんとなり、その対比を行なう人々の所属する文化の倫理観が、さらに色濃く反映されるようになってきた。「一寸の虫にも五分の魂」や「やれ打つな、蠅が手をする足をする」は、生物学的には首をかしげても、擬人化した行動記載としては微笑ましいものである。

群れ生活をする動物、とくに哺乳類では、一頭の雄（α雄、ボス、リーダーなどと呼ばれる）が複数の雌を率いている場合が多い。雌たちは彼によくなつき、彼にかしずき、彼の子どもを産み育てているかのようにみえる。彼は雌たちをよく統率し、体を張って雌と子どもを外〈敵〉から守るので、怪我を負うことすらあった。このような「動物家族」の振る舞いの記載を、「雄」を「男」に、「雌」を「女」に置き換えるとすれば、複数の女性にかしずかれて宮殿に住むようなアラビアンナイトの甘美な世界が想像され、世の男性の羨望の的となるかもしれない。しかし「体を張って」という意味を知ったときに、その羨望は急速に萎んでいくことを保証しよう。

群れ生活をする小動物、とくに昆虫類では、体が小さいので「体を張る」ことは、死と隣り合わせである。それをいとわずに彼らは仲間を守ることが古来知られてきた。そして、その極端な例が「社会性昆虫」といわれるアリやハチの仲間である。彼らの社会はカースト制であり、女王がいてワーカー（労働者）がいた。そもそもこの命名法がまちがいの出発点である。

確かに、「女王」雌は「ワーカー（雌）」にかしずかれ、巣の中にデンとしているだけなのに対し、ワーカーは、せっせと食糧を集め、巣内を清掃し、外敵と戦えば傷ついて倒れていく。雄は、たいてい女王のまわりでうろうろするだけで、ワーカーの仕事は手伝わない。しかしよくみれば、女王は交尾飛翔とコロニー創設時以外はほとんど巣の中にこもって「産卵機械」と化し、「この広い世界いっぱいに咲く花」を満喫することはないので、人間の女王の生活とはまったく異なっている（かな？）。雄は交尾さえしてくれればもう用なしとなって、巣から追い出され、野垂れ死にする運命しかもっていない。そして、ワーカーは人間の労働者のようにあくせく働き、搾取されているかのようにみえる。

一つの巣を一つの国と考え、女王様がいて労働者階級がいるとすれば、女王様のために臣下が犠牲になるのになんの不思議もなかった時代が人間世界の歴史にはあった。今でも、「（＊＊のために）祖国の英雄となれ」といって国民をはやし立てている国はいくつでも名指しできる。「一寸の虫でさえ女王様のためにわが身を捧げることができる」のだから、人間なら……。

セイヨウミツバチのワーカーによる自己犠牲は有名である。巣の蜜を略奪にきた大型哺乳類に対しての特攻隊は、昔の人たち、とくに権力者を歓喜させたらしい。今では、針の先が釣り針のように返しがついているため「いったん刺したら抜けない針」と「千切れた腹から出る警報フェロモン」が、結果としてワーカーを特攻隊員にしてしまうメカニズムの主要因であることがわかっている。しかし、それにしてもワーカーは「ハチの一刺し」で死んでしまう。彼らは「護国の鬼」となって巣を守り女王様を守るために〈言い含められ・檄を飛ばされ〉水杯を受けて特攻出撃したのだろうか。

「そうではない」と生物学はいいたかったようである。もし自己犠牲が、巣のため世のため人のためならば、「愛の動物界」には自己犠牲を行なう個体をもつ種がもっとたくさん進化してきたに違いない。ところが、このような種は動物界の異端児である。

仮面

ここで、進化の出発点に戻って考えてみよう。原始のスープの中でチャンチャンバラバラをやったのは、だれあろう「遺伝子」であった。「生き物」となる以前に数え切れないほどのコピーを繰り返した遺伝子たちは、「自分のコピーさえつくれれば」あとは野となれ山となれ。人間世界の倫理観でいえば「利己主義」を貫いた遺伝子だけが生き残ったのである。その遺伝子の乗っている「生き物」は、当然「遺伝子」の利己主義を追求する手段にすぎなかった。ハト派-タカ派のモデルは、ライバルを殺して子孫を増やしたくとも、時と場合によってはハト派的に振る舞わねば子孫を増やせないことを示している。

遺伝子は自分のコピーを増やしさえすればよいのだから、乗っている生き物が死のうが生きようがかまわない。生き物へのプログラムとして、自分と同じ遺伝子のコピーが増えるようにし向ければよいのである。ライバルと思っていたあいつに乗っている遺伝子が自分と同じなら、どちらの子孫が増えたって同じこと。ハミルトンは、自分と相手が同じ遺伝子をもっている確率としての「血縁度（近縁度）」という概念を提唱した。これを用いると、社会性昆虫のカースト制と特攻隊が「遺伝子の利己主義」できれいに説明できたのである。

日本語では血縁淘汰と訳されている。「選択」という中立的な言葉を使用しないのは慧眼であった。人間社会の倫理基準による自己犠牲ではないとはいえ、結果的に、自分にとってよくないものを落としていくので、「選択」より「淘汰」という漢字表現のほうが理にかなっている。このような論理を進化させた生き物は、社会性昆虫だけではなかった。近年、アブラムシにおいて、二齢幼虫で死んでしまって子孫をつくれないものの、やってきたテントウムシやヒラタアブの幼虫という天敵を邀撃し、兄弟姉妹のアブラムシを守る「兵隊アブラムシ」が発見されている。

群れ生活をしたり、集合して生活したりする種の場合、集団は一族郎党から成り立つことが多く、そんな種では、自己犠牲の振る舞いが進化してきた。もちろん動物たちは、いちいち相手の家系図を調べ、自分と同じ遺伝子をもっている確率（＝血縁度）を計算し、自らの対応を決めているわけではない。そのような動物たちでは「隣り合った同種個体には親切にしよう」というプログラムが長い進化の過程で組み込まれたにすぎないのである。

有名なキノコのモデルは、深く暗い森へ分け入った四人組の動物の利他主義と利己主義を鮮やかに解析している。森の中で一本六点の栄養価をもつキノコ八本をみつけた本人は、「みつけたーっ」と大声で叫んで、ほかの三人（弟、いとこ、友人）を呼び寄せて、みなで仲よく分けて食べるのであろうか。これは、人間社会の倫理基準によれば利他主義である。

キノコは大きすぎて、一人三個までしか食べられないとしても、黙っていれば、キノコを独り占めにして三個は食べられたはずなのに、二個しか食べられなくなってしまう。ハト派-タカ派の論理にしたがえば、利他主義で損をしたことになる。

自己中であり利己主義なら、だれにも教えず、キノコを独り占めにして三個食べられる。したがって、一八点得られる計算となるが、利他主義なら一二点にしかならない。ところが、本人の遺伝子にとってと考えると、話は違ってくる。

確率として、弟は本人と同じ遺伝子を半分もっている（正確には共有確率という）。したがって、弟としては一二点得ることになるが、弟に乗っている本人の遺伝子にとっては六点分得たことになる。同様に、いとこは、確率的に、本人と同じ遺伝子を八分の一もっているので、いとこに乗っている本人の遺伝子として一・五点得たことになる。すなわち、本人の遺伝子にとっては、本人分が一二点、弟分が六点、いとこ分が一・五点の合計一九・五点の獲得となる。友人は、本人と同じ遺伝子をもっていないので、〇点である。

キノコのモデルの恐ろしいところは、表面的に、利他主義は利己主義よりも損をしているようにみえても、その生き物に乗っている遺伝子にとって考えると、表面的な利他主義のほうが得をしている点である。すなわち、周囲に血縁関係の深い個体がいた場合、利己主義を追求する過程で、われわれ人間には利他主義とみえたということである。人間社会の倫理で利他主義と解釈できる振る舞いが、じつは利己主義を追求した結果だったのである。とすると、もっとも近縁関係の強い間柄では、もっとも激しく利他主義とみえる振る舞いが生じてきたに違いない。それは「親子関係」である。とはいえ……。

溺愛

母よ、あなたは強かった。

いたいけな自分の子どもを守るためにはなんでもした。

物語や芝居では「この子のためには夜叉にでもなってやるぅ」と見得を切る。そして子どもには徹底的に甘い。

「おかぁさん」――「なぁーに」

と、やってくるわが子は、なにはともあれ抱きしめて、一二〇%の愛情を注ぐ。ちょっと体に不調をきたせばつきっ切りで看病し、ちょっと帰宅が遅れれば家の門口に立って待ちわびる。人はこれを「母性愛」といった。「孟母三遷」などの「母の鑑」は枚挙にいとまがなく、修身の教科書の絶好の材料となっていたのである。

子どもの世話を放棄した母親は「犬畜生にも劣る」と非難して、多くの人がその論理的な矛盾に思い至らないのは、古典的動物行動学を理解していない証拠である。確かに、地上性の鳥の母親が「擬傷」という振る舞いで捕食者の注意を自分に引きつけ、必死に雛鳥を守ろうとするのは、「わが身を犠牲にする」母親の振る舞いといえよう。危険からわが子を守るために自分の懐の中へしっかりと抱き込んだりするのは序の口で、一カ月以上も飲まず食わずでブリザードから雛を守ったりすることもまれではない。ある種のカメムシでは、卵塊の上に覆い被さって卵を守り、挙げ句の果てに死んで干からびてしまう雌さえいる。これらの振る舞いは、表面的には、わが身を犠牲にして子どもを守る人間の母親とほとんど変わらない。知ったかぶりの評論家は、若い女性に「三歳までは母親の手で子育てを！」と叫んでいる。

古典的動物行動学は、雌の子育ての解発刺激を明らかにしてきた。鳥類では、「子ども」を認識させるたくさんの刺激のうち、ほんのいくつかさえ満たせば「わが子」となってしまう。セグロカモメの母親が雛に給餌しているようにみえても、じつは、「下の嘴の根元付近を雛につつかれて、心ならずも、せっかく食べたものを吐き戻している」のかもしれない。カッコウやホトトギスなどの托卵性の鳥は、ピーピー騒いで真ん中が真っ赤になっている大口を開けると、その中に嘴を突っ込んで吐き戻したくなるという母鳥の遺伝的に組み込まれた行動パターンを利用した超刺激を用いて、「他人」に育児を押しつけている。

哺乳類には「かわいければわが子でなくとも守り育てよう」という遺伝的行動パターンもあるらしい。「かわいい子に旅をさせてはいけない」のである。獅子の母が「わが子を千尋の谷底に突き落とす」ことは絶対にない。しかも、別種であっても「かわいければ」守り育てることさえ可能である。肉食動物が、普通は餌とする草食動物の子どもを育てているなどという例は多い。

一頭のわが子は「自分の遺伝子の二分の一」を共有しているから大事だという「利己的遺伝子」の視点においても、母親が子どもの世話を徹底的に行なうという説明は当を得ている。遺伝子たちは、コピーにコピーを重ねて拡がろうとするために、子どもを産むだけではなく、その子どもを守り育てて一人前にする方法に秀でた母親になってもらいたかったらしい。そのために、「わが身を犠牲にしても子どもを守れ」という遺伝的行動パターンのプログラムへと改良が加わってきたのである。

古典的動物行動学によると、「カワイイ」という信号刺激で母親は行動していた。とすると、「子離れ」とは、母親にとって子どもが「かわいくなった」ことを意味している。子どもが成長すれば、丸かった体型は相対的に細長くなり、つぶらな瞳は相対的に小さくなり、声変わりして、「カワイイ」という信号刺激は消失してしまう。母親はあるとき、自分の子どもが大人になったことに急に気がつくのである。

子どもの立場に立ってみると、親が献身的に子どもを守ってくれるのなら、こんなによいことはない。掃除・洗濯・三食ばかりでなく、危険に対しては身代わりまでやってくれる。このような何不自由しない生活を捨てることはもったいない。できるだけ親の側にいて、親から「搾取」するのが常套であろう。親が「カワイイ」という刺激に反応するのなら、

♪もう少し、あなたの子どもでいさせてください♪

と、いつまでも「カワイイ」という刺激を親に与え続けていればよい。確かに、親は自分と同じ遺伝子を二分の一もっている。しかし、その二分の一の量の遺伝子は自分よりも先に絶滅する予定であり、「親の負担を軽くしてやったとしても」子ども自身の遺伝子が拡がることにはならず、かえって、そのおかげで自分自身の繁殖成功度を低下させる危険性が高くなってしまう。したがって、子どもは親から最大限の献身を引き出そうとし、その基礎となる武器は「カワイイ」であるとするなら、成長し

てかわいくなった子どもはかわいらしさを演出しなければならないのである。すなわち、子どもは親に対して嘘をつく。進化的に「嘘つきは遺伝子にとってよい子」なのであった。

子どもの了見がみえてくれば、親だって対抗する。どんなにかわいがっても、一頭の子どもは所詮二分の一の遺伝子しかもっていない。もしわが子が手元にとどまって交尾して子どもを産んだとしたら、自分の遺伝子との共有確率は四分の一にすぎない孫ができることになる。

「孫がかわいい」のは人間世界だけの話。これらの孫をわが子同様に、わが身を犠牲にして育てたところで、コストをかけた割には、自分の四分の一の遺伝子しか残せないので効率が悪い。それよりも、新たにつぎの子どもを自分自身で産み出せば、再び二分の一の遺伝子を残すことができる。ある程度の一本立ちができるようになった子どもなら、追い出して、自分自身でつぎの子どもをつくるべきであろう。

そもそも、哺乳類の場合、子持ちで授乳中の雌は、体内のホルモンバランスにより排卵は起こらず、雄と交尾しても、つぎの子どもは妊娠できない。自分の子どもをつくるには、子どもを追い出して、ホルモンバランスを排卵・妊娠できる状態にひっくり返す必要がある。したがって、「子別れの儀式」とは親と子どもの対立する利己主義の追求の結果生じる戦いといえ、この戦いでは、すべて母親の勝ちとなってしまう。

親子の間に生じる利己主義の戦いではつねに親が勝てるので、現在の動物の親は、子育てのコストを最小にして、最終的な子どもの数を最大にするように進化してきた。そこでは、よりよいパートナーの遺伝子が得られるならば、今のパートナーと交換するほうが得な場合も生じている。

ハヌマンラングールというサルの場合、雄は自分の遺伝子を拡めたいから群れを乗っ取るのであって、たくさんの美猿に囲まれて、ソファーにふんぞり返って酒をなめたいためではない。乗っ取った群れの雌の連れ子は、前の雄の子どもなので、わが身を犠牲にして守ってやったら損をする。雌と交尾できなければ、群れを乗っ取った意味はないだろう。しかし、乳児を抱えている雌は「授乳」というホルモンバランスの下にあるので、強引に交尾できたとしても、排卵していないので子どもはできない。したがって、雌の抱えている乳児をまず殺し、雌のホルモンバランスをひっくり返し、排卵・発情させる必要がある。

雌にとって、雄が自分の子を殺しにやってきたとき、そうはやすやすと子どもを差し出すことはない。その子は前の雄の子だとしても、自分の遺伝子は半分は入っている。可能な限り雄と対決し子を守ろうとするに違いない。しかし、最終的には、子どもは強引に取り上げられ、殺されてしまう。

もし雄が、雌の反発に対して仏心を出し、雌の子を殺さなかったとしたら、雌は、つぎの子を産むときに、この優しい雄の交尾を受け入れないであろう。もし交尾を受け入れて息子が生まれたとすると、その息子は優しくなってしまうからである。息子が長じて、どこかの群れを乗っ取ることに成功したとしても、乗っ取った群れの子は殺さない。「優しい息子」のままでは、そのつぎの代が残せなくなってしまう。雌にとって、息子は強い子になってもらいたいのである。その遺伝子は、「強い雄」がもっており、その雄が、現にわが子を殺しにきているのだ。ということは、わが子を守る必死の振る舞いとは、新たな雄が強い雄であるという確認作業といえる。雌は演技をし、したたかに雄の品定めをしているのかもしれない。

「子殺し」というのは、どちらの性にとっても、それぞれの遺伝子の拡大という思惑にとって、なくてはならない行動であった。群れの乗っ取りが行なわれて、異常な喧噪状態となり、精神的に不安定になって、群れの弱者が殺されたわけではない。古典的動物行動学における「種内で殺し合いをする動物はいない」はまちがっていたのである。

インターネットで「子殺し」を検索すると、莫大な量がヒットしてくる。しかし、ほとんどが「乳幼児虐待」のいいかえにすぎなかった。包括適応度を考慮した考察ではなく「人の世も地に落ちた」という倫理観ばかりである。

乱戦

雌雄のどちらも、パートナーのご機嫌なぞとらずに、自らの遺伝子を子孫に残そうとしているなら、それぞれある程度の数のパートナーと交尾して、子孫をつくっておいたほうがよい。なにしろ、周囲の環境は変動しているのだから、いつ何時、子孫たちが異常気象に襲われたり、不適当な環境に曝されるかもしれないのである。そんなとき、それを克服できるような遺伝子がパートナーの配偶子の中に入っていたら、自分の子孫繁栄はまちがいなし。とはいえ、どんな環境に出会うかは予測できず、その環境を克服し適応できる遺伝子がどれかも予測できない。したがって、保険をかける意味合いで、複数のパートナーと交尾しておくのは意味があるだろう。むずかしくいうと「子孫の遺伝的多様性の確保」である。この傾向は、卵という限りある資源をもつ雌に強く現れ、とくに昆虫などの小動物に多くみられている。

繁殖期間中、毎日のように産卵場所を訪問し、毎日のように雄と交尾し、毎日のように産卵している昆虫類にトンボの仲間がいる。わが国では「夕焼け小焼けのアカトンボ」と歌われ、澄んだ秋空を背景に二匹のトンボが連結して飛翔している「絵」が頭に浮かぶことが多いらしい。この連結態は、前が雄で後ろが雌と決まっている。しかし、なぜ二匹が連なって飛翔しているかの明快な説明は、一九七〇年代中ごろまでまったくわかっていなかった。

欧米人とは異なり、われわれ日本人にとって、トンボは身近な生き物であり、〈最後はなぶり殺しにされるにせよ〉子どもたちの遊び相手であり、田んぼの害虫を食べてくれる益虫であった。小昆虫を襲って食べる「勇姿」は武士たちのあこがれだったらしく、戦国武将の兜の装飾に、トンボを用いられているのが散見される。当時、トンボは「勝ち虫」と呼ばれていたという。大名の奥方連中の懐剣の鞘にも、トンボの模様が描かれていた。

わが国では、欧米人たちよりはるかに昔から、なわばりをつくるトンボや連結飛翔するトンボ、連結して産卵するトンボ、など、種によってさまざまな特徴的な振る舞いのあることが知られていた。それらを利用したトンボ捕りの方法が、地域ごとに発達しているなんて、日本以外に

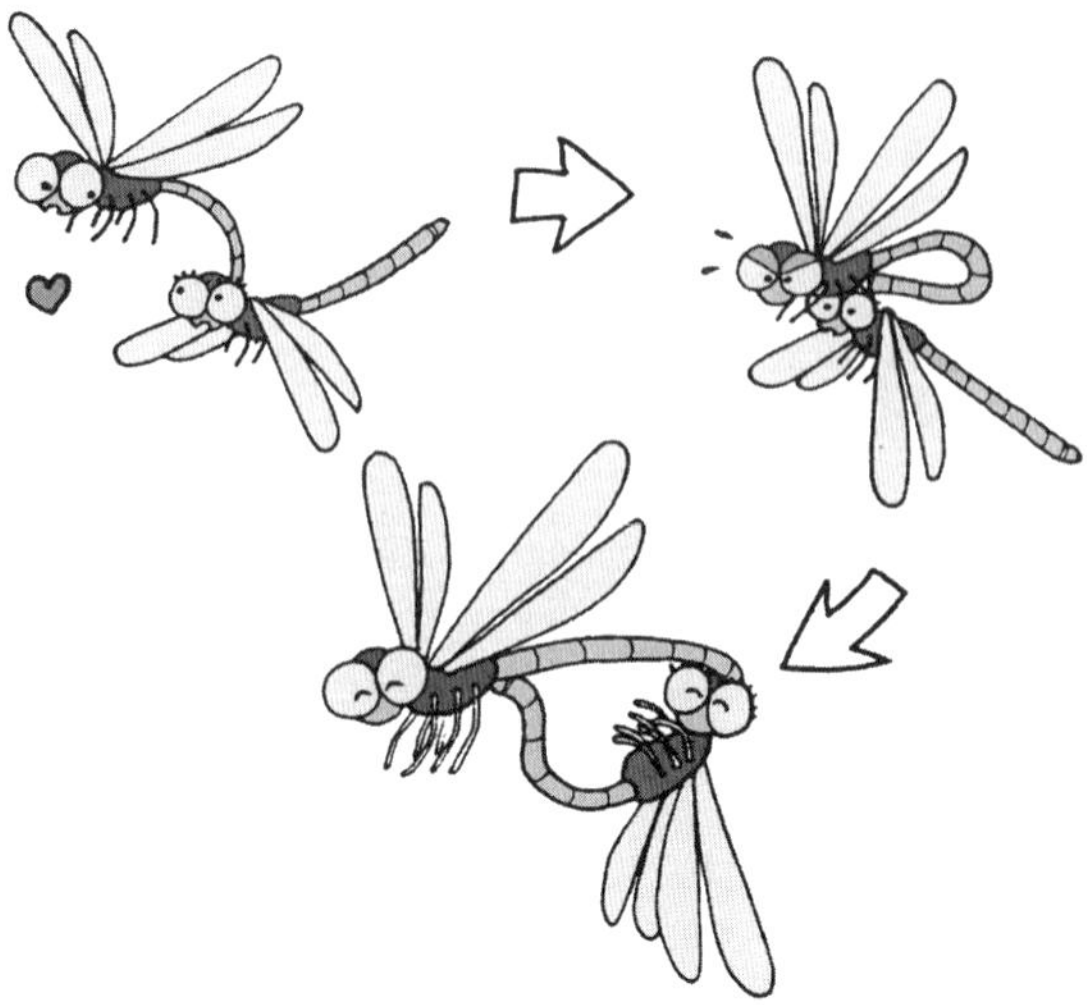

はないだろう。しかし、トンボによるこれらの振る舞いを統一的に解釈できるようになったのは、一九七〇年代のアメリカにおける研究が出発点だった。電子顕微鏡観察により、トンボの雄のペニスの先端には、逆向きの棘や鞭のような鞭毛のついていることが発見されたのである。

雄にとって、ペニスの先端の構造は有用であった。なにしろ、パートナーとなってくれた雌は、前日までに、何回も別の雄と交尾していたはずである。雌の体内の精子をためておく袋（交尾嚢と受精嚢の二種類あるのが普通）の中には、それまでに交尾した雄の精子が入っているに違いない。もしそれらが袋の中に充満していれば、自らの精子がそこに入る余地はないだろう。なんらかの理由で空きがあり、入ることができたとしても、別の雄の精子と混じってしまえば、授精に使われるのがどちらの雄の精子になるかは、確率の問題となる。たくさん入れたほうが勝ち。したがって、交尾中の雄にみられるペニスのピストン運動は、先端の棘を用いて、前の雄の精子を掻き出す役割をもっていたのである。自分の精子は、袋を空にしてから入れることになる。これを精子置換という。

精子置換機構を基礎とすれば、ほとんどすべてのトンボの繁殖行動は説明できるようになった。個体群密度が高かったり、好適な産卵場所に雌雄が集中しがちだったりする種の多くは、連結しながらの産卵行動を行なっている。交尾後、連結態を解消し「あとはよろしく産卵してね」と雌を解放すると、その雌は、別の雄と再び交尾し、自分の精子は掻き出されてしまう。したがって、このような種では、いったん交尾したら、自分の精子で授精させた卵を産んでくれるまで、雄は雌と連結を続けている。

個体群密度がそれほど高くない種の中では、雄が産卵場所になわばりをつくって占有する種が認められる。やってきたすべての雌と交尾した後、自分のなわばり内で産卵させられるなら、あえて連結を続ける必要はない。連結を続けると、つぎにやってきた雌と交尾できなくなってしまうので、かえって損をする。もっとも、現実は、なわばりをつくれなかった雄たちが、スニーカーとして、なわばりのまわりをうろつき、なわばりに入る直前の雌を横取りして交尾してしまうというせこい戦術があり、その振る舞いがある程度成功していることも明らかにされてきた。

トンボの世界では、雄と雌との軋轢と雄どうしの競争が複雑に絡み合い、それぞれが自己の子孫を残すためのさまざまな振る舞いになったとわれわれは認識できるようになった。近年では、多様な体色も、繁殖戦略の重要な要因であることが明らかにされている。いずれにしても、精子置換が出発点であった。

多様な体色でわれわれの注意を引く蝶類も、雄と雌の思惑と雄どうしの競争の絡み合いによって、繁殖行動が進化してきた。ただし、トンボの精子置換のようなおおっぴらな振る舞いではなく、目に見えにくい密やかな振る舞いである。そもそも、多くの蝶類の雌にとって、複数回交尾は、自己の子孫の遺伝的多様性を増大するだけでなく、直接的な利益があった。すなわち、交尾に際して雄から受け取った精子入りの袋（「精包」という）の中身のうち、精子以外の物質を吸収し、自らの体の維持や卵成熟の栄養に使っていたのである。したがって、複数回交尾すれば、複数個の栄養つき精包を得ることができ、産下卵数の増加に役立てられる。しかも、小さな精包（＝栄養の少ない）を注入した雄の精子は「能力なし」として、卵の授精に使用していないことも明らかにされてきた。

精包に含まれている栄養を吸収するのには時間がかかる。一方、受け取った精包をためておく袋（「交尾嚢」という）の中の精包量によって、雌の交尾受容性は変化し、大きな精包を注入された雌は、つぎの交尾受け入れまでの期間が長い。したがって、雄にとって、自分の精子で受精した卵をたくさん産んでもらうためには、大きな精包を注入するように進化せざるをえなかったようである。精子生産のコストは低くても、いろいろな栄養を含んだ精包を一個生産するコストは高い。種によっては、体重の一割を超える量を雌に注入していることがわかってきた。とすれば、雄にとって、せっかくの交尾がむだにならないように、雌の再交尾を遅らせるとともに、すでに存在する別の雄の精子を抑えて、自らの精子を授精に使ってもらわねばならないことになる。

蝶類の雄が、有核精子と無核精子という二種類の精子をつくりだし、雌に注入していることは、雌の複数回交尾により生じさせられた雄間の隠微な闘争の産物といえる。核がなく、授精できない無核精子を、雄は、なぜ生産しているのであろうか。ナミアゲハを例に数字をあげてみよう。羽化した雌は六〇〇から八〇〇個の卵をもっている。生涯に三〜四回の交尾を行なってそれぞれの精包の栄養を吸収し、蜜も吸って、卵を成熟させ、四〇〇から五〇〇個の卵を産む。これに対して、雄は、一回の交尾で、一万から二万の有核精子とともに一〇万から二〇万の無核精子を注入している。雌体内における雄間闘争の最前線は、無核精子が担っているのかもしれない。

トンボたちが示す繁殖のための派手な振る舞いや、蝶たちが示す隠れた振る舞いの進化は、雌が自己の子孫を可能な限り多く残すために行なった複数回交尾から出発していた。雌は、自分の卵の生存にとって、よりよい遺伝子と受精させるためとともに、雄から栄養を搾取することさえしていたのである。それに対抗した雄はさまざまな戦術を進化させ、結果として、雌との冷戦が生起したといえよう。しかし、雌はしたたかであった。雄たちに競争を強いたのである。そのおかげで、動物たちにおける雄たちの闘争と雌雄の冷戦が複雑に組み合わされ、乱戦となって、かつてのわれわれの解釈は混乱してしまった。しかし、もうだまされない。「利己的遺伝子」という理論武器を手に入れたわれわれは、動物たちの振る舞いを一つずつの要素に分けて、解釈し、われわれ人間と比較していくだろう。未来はバラ色（にみえるかナ?）。

第5章——生き物からの逃避　人々の生態学

子孫

男と女の間には古来よりさまざまな関係があった。万葉集の世界には「歌垣」があり、源氏物語では「通い婚」があり、大名には「側室」がいて、愛人が発覚した首相は辞職させられた。すなわち、今のわが国では、建前として「一夫一婦制」が強制されている。目を世界に転じると、厳格な一夫一婦制から、一夫多妻制、ハーレム制、一妻多夫制、ホモ、レズなどと、この二つの性の間で思いつくすべての関係を、あるときは社会の規範として、あるときは民族の文化として、われわれ人間は示してきた。

しかし現在、多くの宗教において一夫一婦制が「善」とされ、ほとんどの国ではそれを法律で規制している。裏を返すと、なんの縛りもしなければ男は浮気に走る可能性が高く、女は乱婚的になってしまうからかもしれない。そうなれば、つぎの世代の出生率が下がったり、児童虐待、養育放棄がつぎつぎと生じて、年寄りは「年金をちゃんともらえない……」というのは冗談としても、生涯に莫大な数の精子を生産できる男が浮気しがちで、ほんの数えるほどの卵しかもっていない女がそれに対抗する、という両性の生理学的特質から生じる行動傾向を、法律で抑えつけている可能性がある。

自分の遺伝子を残せばよいというだけの立場に立てば、孫悟空のように自分の毛から分身をつくるのがもっとも適している。他個体に気を遣う必要がないからである。そもそも、つくりだせる子孫の数は親の大きさに依存するので、子どもの数の増減も自己責任ですむ。生物学では、このような繁殖システムを「無性生殖」と呼んでいる。挿し木やジャガイモ栽培も無性生殖の一つであり、この繁殖システムはさまざまな分類群で独立に生じてきた。そしてたぶん、生じては絶滅するという繰り返しを行なってきたに違いない。ただし、現存する生き物の中に無性生殖する種は多くみられないので、進化の歴史の中において、無性生殖はそれほど有利な繁殖システムではなかったようである。もし環境が変化し、それに適応できなかったら、まったく同じ遺伝子をもっている一族郎党はその場で全滅して、その結果として、子孫は絶滅したであろう。

長期的にみて無性生殖が不利となることは、「マラーのラチェット」や「コンドラショフ効果」というモデルで検証されてきた。この二つのモデルのどちらも、細胞分裂を何回も何回も繰り返せば突然変異の起きる確率が高まり、それらの大部分は有害であることを前提としている。そして、有害遺伝子の数がある閾値を超えるとその個体は死亡するので、最終的には、その種が絶滅するという。

無性生殖で子孫を増やす生き物とは、分裂させた自分の体細胞を分離して次代をつくっていくので、細胞分裂の途中で有害遺伝子が生じても、自分でそれを退治することはできない。子孫には、その有害遺伝子つきの細胞が拡がっていく。すなわち、親は、自分よりも有害遺伝子数の少ない子をつくれないのである。とするなら、その生き物の有害遺伝子は、世代を繰り返すごとに少しずつ増えて後戻りできず、ついには閾値を超えて、絶滅してしまうに違いない。ちょうど、テニスコートであの重いネットを張るときに使うラチェットのように、カチャッと歯車が一つ回るとバックできないのである。

どの分類群においても、たぶん、できたばかりの無性生殖を行なう生き物は、どの個体もほとんど有害遺伝子をもっていなかったはずである。それが、世代を繰り返す間に、だんだんと有害遺伝子が蓄積していけば、その頻度分布は正規分布のような形となるだろう。しかし、さらに世代を繰り返すと、有害遺伝子の数が閾値を超えてしまった個体は死滅するので、閾値のところで切れた正規分布となっていく。有害遺伝子は、蓄積することはあっても減ることがないので、有害遺伝子をもっとも少なくもつ個体の有害遺伝子数は、だんだんと増加するはずである。結果的に、現在、われわれの目の前にある無性生殖する生き物は、有害遺伝子があと一歩増えれば絶滅してしまうという危機的な状況にあるものばかりであると、コンドラショフ効果は指摘した。

ルイス・キャロルの『鏡の国のアリス』にちなんだ「赤の女王説」は、寄生者と宿主が、それぞれ遺伝子を混ぜ合わせて、新しい形質の個体をつくり、相手を出し抜こうとしている状況を説明している。ここにおいて、旧来の遺伝子の組み合わせに固執している無性生殖は無力であった。

寄生者と宿主のようなはっきりとした関係でなくても、生き物が生きるためには（非生物的環境だけだとしても）相手があり、それに適応していなければ子孫は残せない。相手がどんどんアップデートしているのに、アップデートのできない無性生殖にこだわっていては、たちどころに絶滅してしまうだろう。赤の女王の国では、みな走っていた。走らなかった生き物たちは絶滅し、走っていた生き物たちだけが残ったのである。彼らはつねに遺伝子を混ぜ合わせ、変動する環境に対応できるなんらかの保証を確立できた生き物といえよう。結果的に、遺伝子を混ぜ合わせることは、将来、環境が変動したときに子孫が生き延びるための保険だった。

自分の遺伝子を半分もち、残りの半分の遺伝子がまったく異なる環境耐性の性質をもつとすれば、子孫たちは、今の環境にもある程度適応できるばかりか、きたるべき変動にも対処できるかもしれない。一種の「賭」である。したがって、その代償は大きい。なにしろ、「遺伝子を半分もった細胞＝配偶子」をつくらねばならないし、そのための特別な器官も必要である。排出した配偶子のすべてがパートナーの排出した配偶子と出会える確率は、それほど高くない。すなわち、無駄死に覚悟の配偶子を、あえて、わが身を削ってつくらねばならないのである。

そもそも、花も嵐も踏み越えて、同じような配偶子をつくりだす個体と出会わなければ始まらない。たぶん、理論的には、同性の他個体も同じ欲求をもっているはずだから、パートナーに出会うまでには同性間で競争することになる。このように、「有性生殖」という繁殖システムが自己の遺伝子の拡散にとってどれだけ不利かは枚挙にいとまがない。それでも、生き物たちは「有性生殖」を選んだのである。

雌雄

雄と雌の定義は、ペニスをもつかどうかではない。深海魚ではペニス状の突起物を雌がもっているものもいる。所詮、ペニスなんて配偶子の輸送管にすぎないのだから、効率や目的によって雌雄どちらにあってもかまわないだろう。高校生物の教科書にあるように、つくりだす配偶子の大きさで雌雄が決まるわけではない。放出した配偶子どうしが出会ったときに、「相手の配偶子に遺伝子を注入する」配偶子を「放出した個体」を雄、「相手の配偶子から遺伝子をもらって、発生を始める」配偶子を「放出した個体」が雌なのである。

はるか昔の配偶子は同型配偶子だった。このとき、個体差として、ほんの少しだけ大きい配偶子を生産する雌がいたとする。通常はたんなる個体変異にすぎないが、その大きさの分だけ栄養が多いので生存確率がほんの少し高く、環境がほんの少し悪化したとき、その違いが効いてくる。その雌の子がほかの雌の子よりもほんの少し多く生き残ることになるので、それが繰り返されれば、いずれは、その雌の子孫が個体群の大部分を占めるようになっていく。

いったんこのような状況が生じると、雌のつくりだす配偶子は大きくなる方向に「ドライブ」がかかってしまう。しかし、これは雌にとって諸刃の剣でもあった。雌の体の大きさは変わらないので、一回に生産できる配偶子＝卵の総量は決まっている。したがって、一個一個の卵を大きくすれば一回に産む卵の数を減らさねばならない。産下卵数が減れば、せっかく産んだ卵を無駄死にさせないように、さらにエネルギーを与えたり、守ってやったりすることになる。卵に注入する遺伝子は生活力のある「よい」遺伝子にすべきなので、それをもっているかどうかというパートナー選択の吟味も大事になるだろう。

雌の生産する配偶子が、大きくなるとともに数が少なくなってくると、雄も対抗せざるをえなくなってくる。雄の配偶子なんて遺伝子の運び屋にすぎないのだから、なにも雌の配偶子と同じ大きさである必要はない。ライバルを蹴散らし、数が減ってきた雌の配偶子と出会うためには、小さい配偶子をたくさんばらまくような「数打ちゃあたる」方式が主流となってくる。雌の卵がもっと大きくなって、あまり動かずにでぇーんとしているなら、尻尾をつけてそこまで泳いでいかねばならない。雌雄の配偶子の大きさや形の違いの進化は、雌主導であったといえよう。

昔、雌雄の配偶子ができて遺伝子を混ぜ合わせ始めたころ、ほとんどの生き物は「雌雄同体生物」であったらしい。それがどんどんと分離し、今では、われわれが直接目にできるような動物のほとんどは、雌雄が別々の個体となっている。しかし、被子植物をはじめとして、さまざまな生き物の分類群で雌雄同体生物は出現している。「雌雄は遺伝子を混ぜ合わせるために生じた」という前提において、これらの雌雄同体生物は自己の卵と自己の精子を受精させることはない。したがって、雌雄同体生物といえども、子孫を残すためにはパートナーが必要なのである。そして「自己の遺伝子さえ子孫に拡がればよい」とする立場に立って、体内にある莫大な数の精子と貴重な卵子を、パートナーのもつ卵と精子に「うまく」受精させるための多様な策略が進化してきた。

多くの顕花植物は、一つの花に雄しべと雌しべが存在するので、雌雄同体生物といえる。開花すると、雌しべの柱頭のすぐ近くに雄しべのある種も多く、このような位置関係では、自家受粉してしまう危険性が高くなるかもしれない。しかし、普通、開花してしばらくの間は雌しべが成熟せず、雄しべから花粉が出尽くしたころに雌しべが成熟して、柱頭に花粉を受け入れるようになっていく。

わが国の南半分の海岸地帯に自生する灌木であるクサギの開花期は、八月の約一カ月間である。ある程度の大きさのクサギなら、この間に、二万を超える花を連続的に咲かせているが、一つ一つの花の寿命は三日にすぎない。開花した一日目、この花からは数マイクロリットル程度の蜜が分泌されており、いろいろな花粉媒介者が訪れている。雄しべは成熟し、訪花者に花粉を付着させるが、雌しべは未成熟で花粉を受けつけない。この期間が送粉期である。二日目になると、雄しべはしおれて垂れ下がるようになるが、蜜の分泌量は二倍と増えている。そして、このころから三日目にかけて、雌しべが成熟する。この期間を受粉期という。

クサギの開花後にみられる雌雄の成熟度合いの差は、自家受粉を防ぐだけでなく、花と訪花昆虫の関係についても示唆的である。送粉期の蜜量の少ないことは、訪花した昆虫たちを短時間で追い払ってしまうことを意味している。普通、花粉は、訪花昆虫の体がほんの少し葯に触れただけで付着してしまう。同じ花に長っ尻されて、その花の雄しべの生産した花粉のすべてを、たった一頭の訪花昆虫の体につけられてしまうのは危険である。つぎの花に飛んでいく間に捕食者に食べられてしまえば、花粉を通しての遺伝子の分散は失敗に終わってしまう。したがって、たくさんの訪花昆虫に少しずつ花粉をつけたほうがよく、蜜量の少ないことは適応的なのである。

受粉期の状況は逆である。雌しべの柱頭にしっかりと花粉をつけさせるためには、花粉を体につけた訪花昆虫に、長期間、同じ花にとどまってもらったほうがよい。したがって、受粉期の蜜の分泌量は多くなったと考えられている。

異夢

雌雄同体の魚・ハムレットの繁殖行動は、雌雄同体でありながら雌雄のせめぎ合いが如実にみられることで知られている。この魚は地中海の沿岸に生息し、夕暮れ時の短い時間帯が繁殖時間帯であるという。その時間帯、彼らは繁殖場所に集まり、結果的に、ほとんど同じ大きさの個体で繁殖のためのペアをつくる。すると、どちらかの個体がほんの少しの卵を放出し、相手がそれに放精する。つぎに、放精した個体が卵を少し放出し、先に放卵した個体が放精する。そして、再び、放精した個体が少しの卵を放出し、放卵した個体が放精する。そして、再び……、と、ペアは放卵と放精を何回も繰り返し、すなわち、雄と雌の役割を何回も入れ替えて、最終的に、たがいに、すべての卵を放出してしまう。

ハムレットの繁殖行動における雌雄の役割の繰り返しは、徹底的な相互不信を基礎に置いているといえよう。「エーィ、面倒だ。おたがい、雌雄の役割を一回ずつやろうではないか。もってる卵全部を出して、精子をかけあおう」と協定を結んだとき、正直に、最初に放卵した個体は損をし、放精した個体は得をするに違いないからである。

放精した個体は、放卵せずにその場から逃げればよい。なにしろ、精子は、相手の卵に授精させる必要量よりはるかに多くもっている。逃げた先で別の個体とペアを組み、従来の方法で産卵したとすれば、その回の繁殖では、自分の遺伝子をもった子孫が従来の一・五倍できることになる。一方、放卵し、相手に逃げられた個体は、卵をもっていないので、その回の繁殖では、もうだれともペアを組むことができず、自分の遺伝子をもった子孫は自分が放出した卵の数だけ、すなわち、従来の半分になってしまう。したがって、少しずつ卵を放出し、雌雄の役割を何回も交代するという振る舞いは、「逃げるなよ」と、たがいに牽制していることを意味している。

同じ大きさの個体が繁殖ペアとなっているというのは結果論である。たぶん、どの個体も、自分より大きな個体とペアになろうとしたに違いない。自分より大きな個体ならば、自分よりもたくさん卵をもっているはずである。精子はあり余っているのだから、たくさん卵をもっている個体とペアになったほうが得をする。逆にいえば、自分よりも小さな個体とペアになると、損になるといえるだろう。したがって、どの個体も自分より小さな個体は選ばないので、結果として、同じ大きさの繁殖ペアが生じたことになる。

雌雄同体生物のうち、とくに動物は、一つの体の中に雄と雌の生殖器官をつくらねばならず負担が大きい。精子と卵子の生産コストや生産量の極端な相違を考えると、繁殖中になんらかの環境変動が生じて、放出した配偶子の大部分が失われたとき、卵子の消失は、精子の消失と比べて痛手が大きいことがわかる。このとき、「精子を少し多めにつくるせこい個体」がいたとすると、その個体の痛手は、相対的に小さくてすんでしまう。その結果、精子を多めにつくるという進化的なドライブがかかれば、これらの個体は「ほんとうの雄」への道を一直線に進んでいくに違いない。この進化の流れに乗り遅れた個体は、貴重な卵を人質にとって、「雌」に特化するしか選択肢はなくなってしまう。雌雄の分離は雄主導だったのである。

雌雄が分離すれば、「無限に生産できる精子をつくる雄」と「限られた数しか生産できない卵子をつくる雌」という対立した構図ができあがってしまう。前者は、「無限に生産できる」ので、できるだけたくさんの雌の卵に精子を授精させようとする傾向が強くなり、後者は、「貴重な資源」をできるだけ大事に育てようとする傾向が強くなってくる。

「誠実雄と浮気雄」対「恥じらい雌と尻軽雌」という簡単なモデルがある。それぞれの戦術をもった雄や雌の振る舞いは、日本語のとおりと定義しておく。とりあえず、ここで与えた点数（子どもが育ったときの利得が一五点、子育てのコストがマイナス二〇点、時間の浪費がマイナス三点）は、ハト派-タカ派のときと同様に、変化させることのできる値である。

たとえば、誠実雄が恥じらい雌と出会い、交尾し、子どもが生まれたとする。誠実雄にとって、自分の子どもができるので一五点もらえるはずであるが、しっかりした求愛行動を行なわないと、恥じらい雌は交尾を受け入れてくれないため、なわばりを防衛したり、巣をつくったり、求愛の歌を歌ったりと、交尾までに時間がかかってしまう。したがって、時間の浪費のマイナス三点のペナルティがかかる。しかも、生まれた子どもの世話は、定義により、雌と一緒に行なうので、子育てのコストの半分を引き受けねばならない。結果として、誠実雄が恥じらい雌と番ったとき、二点しかもらえないことになる。同様に、恥じらい雌も二点もらえる。

誠実雄が尻軽雌と番ったときは、交尾前の求愛行動の時間を考えなくてもよいので、マイナス三点を払う必要がない。誠実雄も尻軽雌も五点ずつもらえることになる。したがって、すべての雄が誠実戦術であるならば、雌は、恥じらい戦術よりも尻軽戦術を採用したほうが得になり、雄も同様に得になるといえる。

雌の個体群内に尻軽戦術が増えてくると、雄は、誠実戦術よりも浮気戦術を採用したほうが得になってくる。定義により、恥じらい雌は交尾前に長期の求愛行動を要求するので、浮気雄は恥じらい雌と交尾できない。しかし、尻軽雌はそれを要求しないので交尾でき、時間のペナルティは不要である。しかも、浮気雄は子育てを手伝わず、その雌を棄て、ほかの雌を探しにいってしまう。すなわち、子どもが育ったならば浮気雄は一五点丸儲けとなる。一方、尻軽雌は、時間のペナルティはなくても、子育てのコストとしてのマイナス二〇点を一人でかぶることになるので、マイナス五点しか得られない。

このモデルも、ハト派-タカ派モデルと同様に、雌の間で、「みなで恥じらい雌になろうね」という合意はできないことを示している。もしそうしたとしたら、雄は、みな誠実戦術をとらざるをえず、そうなった雄に対しては、尻軽戦術のほうが得をするので、裏切る雌が出現するに違いない。尻軽雌がいるなら、雄にとって浮気戦術のほうが得になる。結局、このモデルでは、恥じらい雌対尻軽雌は五対一、誠実雄対浮気雄は五対三で、それぞれ落ち着いてしまう。われわれの倫理観に引っかかる浮気雄や尻軽雌は、排除できないのである。

もちろん、ここにあげた数字は動かすことができる。たとえば、子育てのコストを大きくすれば恥じらい雌の割合が高くなっていく。雌だけで子どもを養育するにはコストがかかりすぎるため、雄に協力させねばならず、結果的に、恥じらい雌のような戦術を用いて、雄を自分の下にとどめようとするからである。このとき、哺乳類では、雌雄の体格差などが小さければ一夫一婦制、大きければ一夫多妻的になりやすい。逆に、産卵しっぱなしの昆虫類のような子育てコストの低い種類では、尻軽雌の割合が高くなってくるだろう。ほとんどの昆虫類は乱婚制である。

過去

一九九三年が天候の異常な年であったことは、もう、歴史となってしまったのだろうか。新聞報道によると、あの年の冷夏で、福島県の水稲の不稔率は七五％に達したところさえあったという。秋になると全国的な米不作となって、「わが国では主食の輸出入はしない」という当時のウルグアイ・ラウンドでの主張はどこへやら、日本政府は米の緊急輸入をさっさと決めてしまったのである。「輸入米がおいしい」とか「まずい」という話が巷間でさかんに交わされたのはこのときだった。

そもそもわれわれ日本人や朝鮮半島、台湾の人たちが食べる米は「ジャポニカ米」といって、世界の多くの人々の食べている「インディカ米」や「ジャバニカ米」とは種類が異なり少数派である。ジャポニカ米はずんぐりむっくりの形をしているが、インディカ米は細長くて、デンプンを構成する主成分であるアミロペクチンがジャポニカ米ほど含まれていない。したがって、われわれは米を「炊いて」つやつやした適度の粘りけのある「ご飯」とするが、インディカ米は「ゆでて」野菜のような感覚で食べるのが普通である。わが国と同じような食べ方をできるのは、強いていえば「カレーライス」と「チャーハン」くらいであろう。なお、ジャバニカ米は東南アジアの一部で栽培されている大粒の米で、性質はジャポニカ米とインディカ米の中間といわれている。

異なる性質の米を異なった調理方法で食べるのであるから、食文化や食生活も自ずから異なっている。輸入したインディカ米をジャポニカ米と同じように「炊いて」もおいしくないのは当然であろう。あの年の輸入米騒動を落ち着いて振り返ってみると、政府のことなかれ主義や減反政策、米作り農家の質・量や人手不足、流通機構の複雑さや建て前と本音の乖離、水面下での大企業の陰謀（？）、消費者の無定見・無節操など、日本の社会構造や文化、精神構造まで、これらすべての歪みが典型的に凝縮されていた。この状況はいまだに変わっていない。

「豊葦原瑞穂《とよあしはらみずほ》の國」と呼ばれるように、日本では水田耕作が発達してきた。夏季に雨の多いモンスーン気候帯に属する日本は、イネの栽培に適していたからである。小松左京は『空から墜ちてきた歴史』の中で、

……コメとちがって、いくつかの必須アミノ酸の欠けるムギに依存する食生活では、栄養補給の一部をどうしても動物蛋白にたよる必要があり、〈ヨーロッパでは〉すでに乳、肉用のウシ、ヒツジ、あるいはヤギやロバもともなった有畜農業……

と、麦を主食とした場合には必ず肉食文化の生じることを指摘した。すなわち、米を主食として食べるなら、そのほかに比較的少量の動物性タンパク質を摂取するだけで、われわれ人間が必須とする栄養素をすべて摂取したことになるので、米を主食としている民族のほとんどは肉食文化とならないのである。

わが国では米が余っているとはいえ、現在の世界の食糧生産量は思いの外少ない。ところが、そんなことはまったく実感せずに北の国の人々は飽食に飽き、南の国の人々は飢餓に苦しんでいる。世界の国々の一人あたり一日あたりの摂取量をカロリー換算すると、先進工業国では三〇〇〇キロカロリーを優に超え、開発途上国では一〇〇〇キロカロリーに満たない国すらあるという。平均的な大人なら一日あたり二三五〇キロカロリーは必要といわれているが、それにも届かない人が世界の過半数だそうである。これは南北問題の典型例の一つとして教科書に載っているとはいえ、じつはこの奥に隠された暗部まで理解している人は多くない。

普通の人々にとって「統計」は魔物である。自然科学の学問分野として中立の数字であったとしても、そこで示された数字は、われわれの価値判断にゆだねられ、邪推され、そして、それぞれに都合よく判断されてしまう。とするなら、われわれの感性も、無意識につねに自分の価値観・生活観・世界観を中心として物事を理解しがちであるという意味で「魔物」である。たとえば、「日本人の主食は米＝日本昔話のご飯の天こ盛り状態」ならば「欧米人の主食は小麦＝食パン一斤丸かじり状態」となるはずが、実際はそうでない。フランス料理のフルコースに出てくるパンの量のなんと少ないことか。

「日本人は一日あたり約二九〇〇キロカロリー摂取している」と聞けば、ボクもワタシもみーんな「三〇〇〇キロカロリー弱」と考えてまちがいはないのは、世界広しといえども例外中の例外であろう。そもそも「平均」とは大きい数も小さい数も全部含めた「平均」である。大学センター入試の平均点が六〇点だったとしても、一〇〇点満点を取った受験生もいれば、ほとんどできずに〇点を取った受験生も少ないながら存在していることをわれわれは知っている。とするならば、三〇〇〇キロカロリー以上摂取している人もそれ以下しか摂取しない人もいるに違いない。ただし、わが国ではその幅が比較的（たぶん世界一）小さく、アメリカでは差別された人々が平均値を下へ引っ張っており（それでも三七三一キロカロリー）、南の国々では権力者たちが平均値を上へ引っ張っている。こんな状況のとき「平均値」とはなにを意味しているのであろうか。

一日あたりの食事の量が少なくなれば「栄養不足」となり「栄養失調」となって、いろいろな病気にかかりやすくなる。ダイエットのしすぎでガリガリに痩せたうら若き女性が病院へかつぎ込まれれば、一週間ほどの入院で、もとのふくよかでチャーミングな女性に戻ることのできるのがわが国である。しかし、南の国ではそうはいかない。

ユニセフなどによる基金援助のキャンペーン写真には、アフリカの難民キャンプなどに保護されている栄養失調の子どもたちがしばしば登場する。みな、目がクリクリと大きく、手足が針金のように細い。ビール腹になっていることが多く、クワシオコルと呼ばれる病気の特徴だそうである。そもそもこれは西アフリカの言葉で「一－二」を意味し、二人目の子どもが生まれたため、最初の子どもが急に離乳させられて生じた症状を指すのだという。すなわち、乳幼児の栄養不足である。現在、この病気は年子に限らず、食糧不足に陥っている地域で普遍的にみられるという。

クワシオコルが生じる主要因はタンパク質不足である。乳幼児にとってのタンパク質不足とは、母乳やミルクの欠乏であり、ユニセフなどによる「一杯のミルク」の援助活動はそれに対応してきた。たぶん、ミルクを与え続けることにより、外見上は、もとのかわいい子どもの姿へと戻っていくことであろう。

じつは、乳幼児期の栄養不足はタンパク質と糖質の不足が同時に起こり、不可逆反応だといわれている。この時期とは、神経細胞がどんどん分裂して増えている時期なので、糖質によるエネルギーとタンパク質合成に必要なアミノ酸の供給が不足すると、細胞の代謝が遅くなったり、分裂しなくなったりするらしい。結果的に、体の健全な発育を阻害するばかりでなく、脳を中心とする神経細胞の発達に大きな影響を与えることになる。

実際、栄養不良の続いていた子どもの調査で、一〇歳になったとき、頭の周囲の長さは短く、脳内のDNA量は少なく、知能指数も低かったという。このような幼児期に経験した栄養不良の悪影響は大人になっても続くので、ミルクの投与によって外見上は回復しても、心の発達障害は一生残るといえる。とすると、現実世界の栄養不良になっている子どもたちを援助して、外見上も心も回復するという効果は、彼らの子ども、すなわちつぎの世代まで待たねばならないといえよう。そこには、時間がかかるというだけではなく、「ミルク」というような援助を、それだけの長期間継続して行なえる見込みのある金持ち国があるのだろうか、という恐ろしい結論が待っている。

幻想

FAOは三〇年以上前から「世界の食糧危機」に警告を発し、食生活の改善の提言を行なってきた。とくにタンパク質不足が最重要課題であるため、いわく「牛肉を食べるな。豚や家禽を食べよう」、いわく「魚を食べよう。植物性タンパク質を利用しよう」などである。ナショナルジオグラフィックも、二〇世紀末には食糧危機についてのキャンペーンを張り、一キログラムのパンや動物の肉を生産するために必要な穀物量を計算してみせた。パンを一とすれば、魚は一・五、家禽は二、豚は三、牛は八となるという。すなわち、牧草の代わりに麦やトウモロコシを植えれば、どれだけ多くの人間が餓えから救えることだろうか、と主張したのである。しかしわが国を含めた北の国々では、聞く耳をもっていないようにみえる。アメリカではミラクルライスなどの開発が「成功」したと受け止められ、緑の革命＝食糧危機に打ち勝ったという幻想を抱いているように思える。

確かに人類の主食である米や麦、トウモロコシの品種改良自体は悪いことではない。人口が増加し、経済が発展すれば、農耕地として利用できそうな平坦な土地は、住居となり工場となってしまった。したがって、農耕地の拡大が望めないなら、徹底的に施肥をするか、品種改良して、単位面積あたりの収穫量を増加させる選択肢しかないのである。一九五〇年代、アメリカでは、トウモロコシ畑に過剰とも思えるほど肥料を与えることで、収穫量を倍増させたという。メキシコやインド、パキスタンでは、品種改良した小麦を導入して高収量を得ている。

フィリピン・マニラの郊外にアメリカのフォード財団とロックフェラー財団が共同で建設した国際稲研究所では、世界中のありとあらゆるところから稲の品種を集め、交配し（現在は遺伝子組み換えも行なって）、高収量の稲を得ようと努力してきた。その結果、得られたＩＲ－８という稲の品種から始まる「奇跡のイネ」の品種は、確かに高収量でカタログ値だけをみるなら世界の人々の「餓え」は解消できそうであった。なにしろ、単位面積あたりで今までの二倍も収穫でき、それほどの量の実ができて頭が重くなっても、倒伏しないだけの強靱でしなやかな茎をもたせたのである。ある意味で、アメリカは壮大な生物学の実験を短期間に集中して行なって成功したといえよう。その後、IR-20やIR-26と、さらに改良されていったが、どの品種も、病気に弱かったり、害虫を大量に引きつけてしまったり、風に弱かったりと、つぎつぎといろいろな弱点が露呈してきた。

生起した弱点を一つずつ克服し、改良されたIR-36という品種になると、単位面積あたりの収量は在来種の二倍のままでも、四季のない熱帯なら、播種からなんと九〇日で収穫可能だという。もしこの品種がカタログ値どおりの性能を発揮するなら、まさに「奇跡のイネ」である。うまくすれば四期作ができるので、従来の八倍もの収穫が得られるであろう。しかし、そう簡単に問屋は卸さない。

従来の品種よりも何倍もの収量が得られるには前提がある。そもそも、八倍もの収穫があったなら、その土地の栄養分のほとんどはイネに吸収されてしまっただろう。あっという間に、土地は痩せたはずである。有機肥料を与えてじっくりと土地を肥やそうなんてしたら、つぎの収穫に間に合わない。したがって、化学肥料をたくさん与える必要があり、その結果として、土地はさらに硬く痩せていく。

わが国には「ウドの大木」といって、形ばかり大きくてもスカスカで中身のないことを皮肉ることわざがある。短期間で普通のイネの大きさに成長することは、イネの茎や葉がウドのようにスカスカになっていることを意味している。しかも、どんどん成長するために、それらの組織中では、つくられた多量の栄養分が激しく行き交っているに違いない。柔らかい茎なら口吻を挿しやすく吸いやすい。柔らかい葉なら、簡単に食べることができる。害虫は大発生するだろう。したがって、農薬散布は必須となる。

そもそも四期作をしようとするなら、水管理が重要となってくる。わが国の水田耕作なら、春に苗代をつくり、田へ水を入れて田植えをし、夏にいったん水を抜き（中干し）、再び水を入れてまた抜いて、ようやく稲刈りとなる。中干しを行なわなかったとしても、収穫までに、少なくとも一回ずつは、水田への水の供給と停止を行なわねばならない。とすれば、四期作なら、そのような水管理を年に四回繰り返すことになる。したがって大規模な灌漑設備を建設しなければならず、そのためには大型の土木機械が必要である。

化学肥料に農薬、大型の土木機械という三点セットが、「奇跡のイネ」には必要であった。熱帯に位置し、水田耕作を行なえるような平地をもつ国々は、普通、貧しく、これら三点セットを生産する工場も、三点セットを購入するお金もない。このようなお金を温帯に位置する先進工業国から借りるか援助してもらわねば、奇跡のイネはちゃんと育たないのである。したがって、収穫物を自国民で消費すると借りたお金が返せなくなるので、自国民には腹を空かせたままがまんさせ、他国へ売り払って儲けねばならない。流通ルートは限られているので、結局、めぐりめぐって「穀物メジャー」の世界戦略に組み込まれてしまった。「奇跡のイネ」は、単純に、世界の食糧危機の対策とは考えられなくなったのである。

現在、つぎの「奇跡のイネ」が開発されてきた。コートジボアールに本部を置く「西アフリカ稲開発協会」が、西アフリカ原産の稲から、遺伝子組み換えではないバイオ技術により「ネリカ米」という陸稲を開発したのである。このイネも多収量で、三カ月で収穫できるという。陸稲という特性のため、サバンナ気候下でも栽培することができるらしい。しかも、病虫害や雑草にも強い耐性をもつといわれている。このように、よいことずくめになってはいるものの、運搬手段や種子の流通の整備が遅れているため、まだアフリカ全体に作付けは拡がっていないという。しかし、作物と害虫の関係は「赤の女王」の国にいるので、大面積に単一の植物が植えられれば、早晩、なにかしらの害虫の大発生が生じるはずで、それをどのように事前に防ぐかに知恵を絞る必要がある。

妙薬

「農薬は悪」は、研究成果よりもムードが先行してしまった典型的な例である。人間が増え、効率的な食糧増産を求めれば、ある程度のレベルでの大面積一斉播種は避けて通れない。その結果、一定の地域に単一の植物がそろって成長することになるので、このような植物群落に害虫は大発生するのが生態学の常識（いや、自然の摂理）であり、大発生してこなければ、かえって異常である。とすれば、「危険な農薬」とどのようにつき合っていくかに知恵を絞るのが重要であり、「無農薬（有機）」栽培とするならば、害虫の大発生などによる減収の危険は覚悟すべきであろう。「飽食の文化」を享受しながら無農薬有機肥料栽培の作物を口に入れられるのは、世界の中の一握りの特権階級にすぎないのである。

人類と害虫の戦いは、一万年ほど前に、人類が今日に至るような農耕作業を行なうようになって以来連綿と続いてきた。三〇〇〇年前までは、祈ったり、火をつけたり、という方法で「害虫退治」を試みていたようである。害虫の生活史をしっかりと観察し、結果的に、自然科学的に論理立てて防除が試みられるようになったのは、わが国では一六〇〇年代になってからだという。江戸時代の一七五〇年ごろから行なわれ始めた「鯨油を使った水田の害虫退治」は、現代の感覚でいえば「エコロジー的害虫防除」であった。

ニカメイガやトビイロウンカのような害虫が田んぼに大発生したとき、当時の人々は田楽踊りの一座を招いたという。広場に集まった村人たちは、田楽踊りを楽しみながら飲めや歌えの大騒ぎ。頃はよしとなったとき、田んぼに鯨油などをまいて、その中にみなで入って踊りまくったのである。田んぼの中に人間が入って大騒ぎをすれば、イネにとまっていた害虫たちは驚いて水面に落下してしまう。害虫の体は小さく、体はある種のワックスで覆われているため表面張力により沈まず、浮いている。落ち着いたところで六本の脚を動かせば、たいてい、近くのイネの根元に辿り着け、再びイネの上に這い上がれたに違いない。ところが、鯨油のおかげで水面に油膜ができていた。落ちた害虫は、油によって表面張力の低下した水面のおかげで溺れて死んでしまうのである。

ほんの少し前までの日本の文化である「夏の風物詩・蚊取り線香」の成分は「除蟲菊」であった。このように、これらはすべて「生物起源の農薬?」であり、「非生物起源」の農薬は二〇世紀半ばまで待たねばならなかったのである。

有機化学の発展の結果、人間が合成したＤＤＴは、人間がつくりだした非生物起源のはじめての農薬といってもよいほどである。モノの本によると、DDTは一八七〇年代にすでにドイツで合成されていたそうであるが、一九三九年にガイギー社（スイス）のポール・ミュラーが昆虫の神経毒であることを発見して一躍有名となった。ミュラーはこれによって一九四八年にノーベル賞を受けている。

ガイギー社は、このDDTを、当時の先進国である英米日独に売り込んだが、この物質の役割の重大性を正しく認識して購入し、利用したのはアメリカだけだったらしい。使用場所はニューギニア戦線。熱帯のジャングルで、デング熱をはじめアメーバ赤痢、マラリア等々の疾病にかかってフラフラしながら、日本兵は、明治時代以来の三八式歩兵銃で弾薬を節約しながら一発一発撃っていた。対するアメリカ兵は、健康体でサブマシンガンを振り回し、弾切れを心配せずに弾幕を張っている。どちらが勝つかは一目瞭然であろう。日本軍では、弾にあたるよりも、餓死と病死で壊滅した部隊が少なからずあったといわれている。

第二次世界大戦が終わった後、DDTは「本来」の目的に使われ始めた。とくに劇的だったのが、ヨーロッパで猛威をふるっていたマラリアの撲滅である。マラリアの語源は、イタリア語の「悪い――マロ」と「空気――アエレ」であるという。「澱んでいる悪い空気」が病気の原因と考えられたからである。

第二次世界大戦当時までの汚染地域であったスペインやフランス南部、イタリアでは、DDT散布とともに、幼虫の生息地であるドブや湿地の改良効果もあって、マラリアの絶滅にほぼ成功した。日本でも、江戸時代までは全国でマラリア患者が発生し、一九〇〇年には北海道深川村でも流行したという。敗戦直後の日本では、マラリアだけでなく、各種病原体の予防・根絶のため、占領軍によって頭からＤＤＴをかけられたという写真が歴史の教科書に載っていた。いずれにしても、現在のわれわれは、熱帯地方を無防備で歩かない限り、マラリアはほとんど気にする必要のない病気となっており、少なくともその一部はＤＤＴのおかげである。

なお、地球温暖化によって、年平均気温が一度上昇すると、九州が再びマラリヤ汚染地域になる可能性があるという危機感をあおる予測もあるが、マラリア病原虫やそれを媒介する蚊の生理・生態学的研究により、わが国において流行する確率は低いことが明らかにされている。

万能薬と思われたＤＤＴは、使用開始から三〇年の間に全世界で三〇〇万トン以上散布されたと推定されており、現在でも、まだ熱帯地方では散布され続けている。この量は地球表面全体がうっすらと白くなるほどの量だそうである。これではなんらかの弊害が生じて当然であろう。一九六二年、アメリカのレイチェル・カーソンは『沈黙の春』という本を書いて農薬の人体に対する危険性を主張した。その根拠は「生態系の食物連鎖による生物濃縮」である。もちろん、アメリカの農務省や農薬会社は反撃した。

その後、ＤＤＴは脂溶性で体の脂質に溶け込んでしまうので、蓄積されやすいことや、カルシウム代謝に悪影響を与えることが明らかにされた。このことは、イギリスにおけるワシタカ類の卵殻の厚さがＤＤＴの使用開始後に減少していたことで証明されている。このような数々の生理・生態学的研究によって、今ではカーソンの主張の正しさが認められている。

わが国では、一九六九年高知県でDDTとBHCの使用禁止、一九七一年日本全国における販売停止・使用禁止となり、一九七三年のアメリカでの使用禁止と比べ、めずらしく、アメリカより一歩先んじた事例となっている。しかし、わが国では、DDTではないものの、生物濃縮に関する人体実験をしてしまった。水銀汚染による水俣病である。その犯人をチッソ水俣工場として糾弾して思考を停止するのではなく、それが起こってしまった背景を深く考えれば、現在の環境問題に対して、自然科学の正しい理解と啓発がいかに必要であるかに気がつくであろう。歴史によれば「善良なる無知は悪」である。

現在

わが国の大学の授業で用いられる教科書や参考書を欧米と比較すると、教育面でも、研究面でも、あるいは経済面でも、さまざまな面で違いが際立っており、彼我の研究・教育に関する文化を考えるうえでおもしろい材料となっている。今の時代の日本の大学生たちが、強制してもなかなか教科書を購入しなかったり、参考書を読まなかったりというのは論外としても、一般に、教科書・参考書が高価であると感じられていることは論を待たない（本書も高価でスミマセン）。かつては、乗り回す車のガソリン代にはお金をつぎ込んでも、「本代にお金を使うのはもったいない」とうそぶく学生さえいた。

欧米の生態学の教科書も高価である。手垢のついていない新刊の教科書をまともに購入しようとすると、円高であっても、円換算で一冊七〇〇〇円は超えてしまう。ほかの授業の教科書でも似たり寄ったりとすると、新学期の学生が負担する教科書代の総額は、膨大な額となり、貧乏人は大学に行けなくなる。

アメリカの大学では、新学期ともなると、書籍の売店でたくさんの中古の教科書が売られるようになる。それも、程度のよい古本、書き込みの多い古本、ぼろぼろの古本、などと、いくつかの段階に分けられ、値段も相応につけられている。学生にとってどのような古本が人気なのかはわからなかったが、書き込みの多い古本を手に取ってみると、重要項目のページ欄外には、何人もの筆跡のメモが書き込まれており、微笑ましかった。どうやら学生たちは、学期が終了すると教科書を売り払うようである。

欧米で使われている生態学の教科書は、一年間用の場合、大きくて厚くて重い。日本なら、二年以上かからねば終えられない分量である。いくつかの大学で授業を参観させてもらうと、四〇～五〇ページ分を事前に読ませておいて、その中のトピックについて説明し、レポートを出させているようにみえた。これなら、四〇〇～五〇〇ページの教科書でも一年間で終えることができるだろう。その代わり、学生たちは、予習に時間を割き、復習（そこではレポート提出）のために参考書を読まねばならない。そういえば、いつも夜の一二時まで、図書館は学生であふれていた。なお、毎回のレポートの採点は大学院生たちが行なっている。

生態学の教科書や専門書が厚くならざるをえないのは、ほかの生物学の分野よりも、網羅している分野が多いからである。とくに、生態学全般の専門書となれば、ファーブルからローレンツに至る古典的動物行動学（＝習性学）を除外しても、現在の行動学（＝行動生態学）は必須であろうし、個体群生態学、群集生態学、生態系生態学、生産生態学、生理生態学などは含めねばならない。さらに、現在では、保全生態学や景観生態学などの応用生態学も無視できないであろう。しかも、動物と植物で方法論の異なる分野も多い。したがって、これらをすべてを網羅しようとすれば、膨大な量と質の教科書となり、一人ですべてを書き切れなくなっている。

欧米において、この一〇年ほどに出版された生態学の専門書は、わが国でも知られている大著なら、

ほとんどが複数の著者によって執筆されてきた。一方、それ以前までに出版された専門書では、一人の著者で書き切ろうと努力されていたようである。確かに、その結果、著者の専門分野から離れた部分の記載が甘くなっていた点は否めない。一九五〇年代に初版が出たオダムの『生態学の基礎』という大著では、生態学における生態系生態学の位置づけが高らかにうたわれているものの、個体群や個体レベルの記述は、それよりも前に出版されたアリーらによる『動物生態学の基礎』という大著からほとんど踏み出していなかった。しかし、オダムの著書の例でわかるように、一人で執筆した教科書・専門書では、著者の生態学観や方法論が色濃く示されている。

専門書ならば、一人の著者の色が濃く出ていてもよいが、教科書では、著者の色は薄めるべきだという意見がわが国では強いのかもしれない。その結果、一冊の本で、共著者の数が増えるにしたがって、教科書でも専門書でも、内容は総花的となってアクセントがつかず、無味乾燥な事実の羅列になりがちとなる。全体を通しての話の筋が通らないことも多い。

たった一人の著者による生態学の専門書は、わが国ではなかなか書かれてこなかった。わが国では、生態学者といえども、研究分野は細分化し、たとえば、動物生態学者は植物に疎く、植物生態学者は動物に疎い。結果的に、生態学全般を通しての思想や方法論が論じられるよりも、だれからも文句をつけられない自身の専門分野という蛸壺に入った専門書が書かれてしまうようである。これでは、欧米のような大著はできないであろう。もっとも、そうなれば高価になってしまい、ほとんど売れないことも事実である。

欧米の生態学の専門書において、わが国との大きな違いは、たいてい、最後に「人間とのかかわり」の章が置かれていることである。このようなスタイルの本は、著者が一名であるときが多い。一九七〇年代初頭に出版されたクレブスが一人で書いた『生態学』という教科書では、その項目で、人口問題と疾病、食糧問題を論じ、目下の世界の大問題であると指摘し、最後に「緑の革命」の成功に触れている。

生態学は人間生活に重要なかかわりをもっており、生態学の理解はこれからの地球人にとって避けて通れない。このことは、さまざまな場面で指摘され、欧米の教科書執筆者の間ではコンセンサスのようにみえる。しかし……。

ヒトとはなんだろうか。二本足で立てればヒト（ダチョウだって二本足）。脳が大きければヒト（ウマの脳だって大きい）。前肢が手の機能をもてばヒト（サルやヒトニザルは器用）。道具をつくったり使えればヒト（チンパンジーのシロアリ釣り、カラスだって道具を使う）。遊び心があればヒト（カラスだって遊んでいる）。おたがいに複雑なコミュニケーションを音声でとれればヒト（クジラだってしゃべっている）。ヒトの定義はごまんとあるものの、どれか一つ「これだっ」という定義はみあたらない。まして過去からのヒトの進化は化石だけで推測せねばならない。説得力のある答えはなかなか期待できない。

古典的動物行動学以来、動物界において観察される繁殖システムは、多くの昆虫類にみられる乱婚性から、一夫多妻やハーレム、一夫一婦制と多様であっても、一つの種が一つの繁殖システムをもっていることが明らかとなってきた。その根底に流れるものは、雌が貴重な資源であり、雌が雄を選ぶ側であり、精子と卵子の生産量の差ですべてを説明できたのである。したがって、雄は、雌の気を引いて「交尾させていただく」ために低姿勢とならざるをえない。オーストラリアのマイコドリの雄は、雌に気に入ってもらうまで、何回でも歌を歌った。クジャクの雄は羽を広げ美男コンテストに参加する。ではヒトは……。

自らの過去を振り返り、歴史を理解し、将来を洞察できるのが「知的生命体」であるとドーキンスは喝破した。このように定義したとき、無限大に広がる宇宙の中なら、人類よりも高度な文明をもち、高度な科学技術をもった知的生命体は、いてもおかしくない。そのような宇宙人が宇宙空間を飛び回り、地球を訪問するというロマンも楽しい話である。しかし、ヒトは、恐竜の絶滅後に短期間で生じていた。地球の歴史をみれば、天体の衝突という偶然がタイミングよく起こった結果、ヒトが生じた可能性の高いことがわかってきた。われわれが宇宙の孤児であるならば、未来はわれわれが切り開くしかない。お手本は存在しないのである。

われわれ人間は、昔々、生き物たちの掟を振り切って、独立の道を歩み出し、それでも、根本的なところで生き物との鎖を断ち切れず、結果的に、さまざまな問題を抱えてしまっている。「環境問題」と一括して指摘されている問題の中には、農薬汚染もあれば、大気汚染、水質汚染、騒音公害、乱開発、原発事故等々と、どれ一つとっても、生態学的知識の枠内に収まりきれない。理解し、対処を考えるなら、生物学だけでなく人文・社会科学の知識も必要となってくる。しかし、これらのもととなるのは、すべて、食糧不足であり、それは南北問題から派生しており、結局はヒトの歴史そのものが出発点となっていた。あらっぽくひとことでいえば、底に流れているのは「人口爆発＝人口問題」なのである。その場の適正規模よりも人口が増えたから餌の分配をめぐって軋轢が生じるのであり、たまたま権力をもった連中が利己的によい生活を求めたからともいえよう。とするなら、さらにその底には「ヒトとはなにか」が横たわっている。なんのことはない。生物学の基本命題である。たぶん、そんな面倒な学問の階層や層別化を考えずとも、たいていの人は、一生の間に一度くらいは考えたこ

とがあるだろう。
アメリカの蝶の研究者たちは、蝶やトンボという何気ない生き物の研究こそ、未来を洞察できる武器だと信じている。確かに害虫の研究は、今のわれわれが食べ、生き残っていくうえで重要である。しかし未来を洞察するには、もっともっと根源的な考えが必要であり、それには、現世の直接的な利益が目の前にちらついては、よくないのだという。かなり我田引水的な発想であるが、かつて伊藤嘉昭が主張した「もっとも基礎的な研究はもっとも応用的である」というプロパガンダにつながっている。
現実の問題を直視し、理解し、対処を考えるとしたら、基礎的な生態学の知識は必須であった。ところが高校生物という「お勉強」の枠組みに押し込められたため、ほとんどの高校生は勉強せず、生態学は少数の人による少数の人のための学問に成り下がってしまった。現在、「生態学」を象牙の塔の中で議論して理解し楽しむ余裕は、当事者としても、普通の人々としても、ほとんどなくなったといえよう。ギリシャ時代の市民（ということは、奴隷をもち、働かずに生きていける富裕層）ならいざ知らず、普通の人々の一部が生態学の研究者という職業に就いているのである。すなわち、給料をもらわねば生活ができず、研究費をもらわねば研究ができない。その結果、研究者たちはギルドをつくり、ボスをつくり、一般社会の権力構造の縮図をつくり、恵んでもらった雀の涙の研究費の分配に汲々とする。ギルドに参加させてもらうための儀式は年々厳しくなってきて、それに伴い、生態学は普通の人々からさらに離れていく……と困るなぁ。

（敬称略）

おわりに

白状しましょう。
私は、もう、歳です。

この類いの授業を行なうとき、私は、始めから終わりまで、パワーポイントを使い、早口で、時間いっぱいしゃべってきました。パワーポイントの画面では、しばしばＢＧＭを流し、自己満足していたのです。「利己的遺伝子の指令」の箇所では「ミッション・インポッシブル」を、「恐竜」の箇所では「パフ」や「ジュラシック・パーク」を、「ハチの特攻隊」の箇所では「ハチのむさしは死んだのさ」などと、スターウォーズのテーマ曲を含めて、いろいろなジャンルの音楽を流してきました。

昔はよかったですねぇ。今でも、社会人相手の講演で、聴衆が四〇歳代以上なら、みな、ニヤリと笑いながら、身を乗り出してくれます。ところが、今の学生たち、つまり一八歳から二〇歳ごろの若者たちは、私の流すＢＧＭの曲名をほとんど知らないのです！

「あの曲はなんだろうと、隣の人と話しているうちに、先生の話はどんどん先へ進んでしまい、わからなくなってしまいました」と抗議もされました。

「あの曲の題名はなにか、なんていうテスト問題は出ないでしょうね」

「そもそも、パワーポイントの切り替えが早すぎます」

「授業で話さなかったことをテストに出すのはやめてください」

「雑談だと思って聞いていたことを試験には出さないでください」

年々、受講学生の不満は低年齢化してきました。K子さんは「あんな古い曲、今の若い子は知らないのだから、もうやめなさい」と忠告してくれます。「あなたの思い入れなんて伝わらないわよ」

授業中の話に、少しでも思い入れが伝わらないかと、背景説明も含めて、毎回の授業後に、復習用として文書をつくり配布してみたのです。たまたま機会があって、その束のいくつかを東京大学出版会編集部の光明さんにおみせしたところ、横書きの専門書ではなく、加筆して縦書きの教養書にしたらどうかと提案されました。

生態学や保全に関連した縦書きの教養書は、ちょっと大きな書店では、たいてい何種類か書棚に並ぶようになったこのごろです。しかし、教養書的なタイトルをつけられてはいても、どの著書も、著者の専門に特化した内容が大部分を占めているようでした。図表も専門書からそのまま引用され、教養書というよりは、専門書における日本語表現を柔らかくしただけのようです。したがって、正確な知識であることはまちがいありません。ところが、それを手にとり、基礎的な専門知識をもたない人々が「教養を身につける」ためには、多大な努力を有するように思えます。

このような批判をもつのは、「はじめに」で触れたように、私が、三〇年間、大学の一般教養の生物や教員養成学部で授業してきたためでしょう。生物の基礎知識をもたない学生相手にゼロから授業したり、高校レベルの生態学を信じている学生たちにはマイナスから授業をしたりしていると、専門的な話しか書かれていない教養書には、首をかしげざるをえません。生態学への関心の薄さ、保全に対する複雑な感情、そしてなによりも、日本における「研究」の定義の曖昧さが原因のようです。ただし、これら教養書を、自分の専門外をわかりやすく解説してくれた専門書とみなした場合、私にとって、こんなに楽な話はありません。専門外の英文雑誌を読まなくてすみますから。

読者の側に立つと、自分の研究結果だけをベースにした教養書は、押しつけがましく感じられます。一〇〇％確実な事実だけを積み上げて、責任をもって解説されても、生態学の中の位置づけやほかの分野との関係、実生活との絡みなどが示されなければ、教養として深く洞察することはできず、枚挙的な雑学になってしまうでしょう。とするなら、想像を拡げ、身のまわりの理解を深め、心を豊かにしようとする読者は、一研究者の呟きにも似た生態学論のほうを、毛色の異なった教養書として望んでくれるかもしれません。

光明さんは、教養書に関する私の考えを手玉にとり、教科書や専門書とは異なり、私の人生観や世界観を軸として、生態学への関心を高める教養書を書くようにと焚きつけたのでした。

そうなのです。私は歳をとり、授業中、若い学生たちとＢＧＭを通して、ジェネレイションギャップをイヤというほど味わっているのです。本書ではＢＧＭが流れません。でも、年配の方は、私がどこでどのようなＢＧＭを流したかったか、おわかりになりますよね。若い方は、ようやく生態学の扉を開けられるようになってきた授業の軌跡と、その向こうの風景を、ぜひ本書から汲み取ってください。

本文中には敬称なしで引用しましたが、故・沼田真、故・日高敏隆、伊藤嘉昭の各先生は、学生時代以来、ずっと、私に生態学の知識を教え込んでくれました。感謝してもしきれません。折に触れて話してくれたエピソードは、私がしっかりと現代風に脚色して、本文中に挿入しましたのでご安心ください。

東京大学出版会編集部の光明義文さんには、焚きつけから尻たたきまで、たいへんお世話になりました。厚くお礼申し上げます。ところどころに挿入したイラストは、私の初期の指導学生だった味村泰代さんが書いてくれました。本書のもととなった配布文書やパワーポイント作成中に、横合いから茶々を入れてくれた研究室の学生たちと妻・Ｋ子さんにも感謝します。おかげさまで私の世界観は拡がり、雑学が増え、授業中の雑談に困らなくなりました。これからも、学生たちとケンカしながらパワーアップした授業をやっていきます【もう歳なんだから、いい加減にしておきなさいよ――Ｋ子さんの声】。

二〇一二年七月

参考図書

アイベスフェルト・A（日高敏隆・久保和彦訳　一九七四）『愛と憎しみ――人間の基本的行動様式とその自然誌』みすず書房、東京。

アラビー・M、ラブロック・J（中沢宣也・萩原輝彦訳　一九八四）『恐竜はなぜ絶滅したか――進化史のミステリーに挑む』講談社ブルーバックス、講談社、東京。

伊藤嘉昭・法橋信彦・藤崎憲治（一九八〇）『動物の個体群と群集』東海大学出版会、神奈川。

犬飼道子（一九八八）『飢餓と難民――援助とは何か』岩波ブックレット、岩波書店、東京。

ヴィックラー・W、ザイブト・U（福井康雄・中嶋康裕訳　一九八六）『男と女――性の進化史』産業図書、東京。

梅棹忠夫（一九六四）『東南アジア紀行』中公文庫、中央公論社、東京。

梅棹忠夫（一九六七）『文明の生態史観』中公文庫、中央公論社、東京。

エルトン・C（渋谷寿夫訳　一九五五）『動物の生態学』科学新興社、東京。

エルトン・C（川那部浩哉・大沢秀行・安部琢哉訳　一九七一）『侵略の生態学』思索社、東京。

小原嘉明（一九八三）『搾取する性とされる性』モナドブックス、海鳴社、東京。

小原嘉明（一九八六）『オスとメス――求愛と生殖行動』岩波ジュニア新書、岩波書店、東京。

カーソン・R（青樹簗一訳　一九七四）『沈黙の春』新潮文庫、新潮社、東京。

上山春平（一九六九）『照葉樹林文化――日本文化の深層』中公新書、中央公論社、東京。

キャロル・L（岡田忠軒訳　一九五九）『鏡の国のアリス』角川文庫、角川書店、東京。

桐谷圭治・湯川淳一編（二〇一〇）『地球温暖化と昆虫』全国農村教育協会、東京。

グッドフィールド・J（中村桂子訳　一九七九）『神を演ずる――遺伝子工学と生命の操作』岩波現代選書、岩波書店、東京。

グドール・J（河合雅雄訳　一九七三）『森の隣人――チンパンジーと私』平凡社、東京。

グレアム・F・J（田村三郎・上遠恵子訳　一九七〇）『サイレント・スプリングの行くえ――自然の保護と人間の生態』同文書院、東京。

コナン・ドイル・A（加島祥造訳　一九九六）『失われた世界』早川書房、東京。

小松左京（一九八一）『空から墜ちてきた歴史』新潮文庫、新潮社、東京。

小峰　元（一九七四）『アルキメデスは手を汚さない』講談社文庫、講談社、東京。

ジョージ・S（小南祐一郎・谷口真理子訳　一九八〇）『なぜ世界の半分が飢えるのか――食糧危機の構造』朝日選書、朝日新聞社、東京。

ドーキンス・R（日高敏隆・岸由二・羽田節子訳　一九八〇）『生物＝生存機械論――利己主義と利他主義の生物学』紀伊國屋書店、東京。

西川　潤（一九八三）『人口――21世紀の地球』岩波ブックレット、岩波書店、東京。

日本生態学会生態学教育専門委員会編（二〇〇四）『生態学入門』東京化学同人、東京。

沼田　真（一九七九）『生態学方法論』古今書院、東京。

埴原和郎（一九八四）『新しい人類進化学――ヒトの過去・現在・未来をさぐる』講談社ブルーバックス、講談社、東京。

ホイッタカー・R・H（宝月欣二訳　一九七四）『生態学概説――生物群集と生態系』培風館、東京。

本多勝一（一九六七）『極限の民族――カナダ・エスキモー、ニューギニア高地人、アラビア遊牧民』朝日新聞社、東京。

本多勝一（一九七一）『殺される側の論理』朝日新聞社、東京。

マクローリン・J・C（八杉龍一訳　一九八四）『動物進化の物語――なぜいろいろな生き物がいるのか』岩波書店、東京。

宮脇　昭（一九七〇）『植物と人間――生物社会のバランス』ＮＨＫブックス、日本放送出版協会、東京。

モリス・D（藤田統訳　一九八〇）『マン・ウォッチング』小学館、東京。

モリス・D（日高敏隆訳　一九九九）『裸のサル――動物学的人間像』角川文庫、角川書店、東京。

ローレンツ・K（日高敏隆訳　一九七〇）『ソロモンの指輪――動物行動学入門』早川書房、東京。

ローレンツ・K（日高敏隆・大羽更明訳　一九七三）『文明化した人間の八つの大罪』思索社、東京。

渡辺　守（二〇〇七）『昆虫の保全生態学』東京大学出版会、東京。

ワトソン・J（江上不二夫・中村桂子訳　一九八〇）『二重らせん――ＤＮＡの構造を発見した科学者の記録』講談社文庫、講談社、東京。

Allee, W. C., A. E. Emerson, O. Park, T. Park and K. P. Schmidt (1949) Principles of Animal Ecology. W. B. Saunders Company, Philadelphia.
Krebs, C. J. (1985) Ecology: The Experimental Analysis of Distribution and Abundance. Harper & Row, New York.
Odum, E. P. (1953) Fundamentals of Ecology. W.B. Saunders Company, Philadelphia.
Pianka, E. R. (1974) Evolutionary Ecology. Harper & Row, New York.
Whitfield, P. (1995) From So Simple A Beginning. Macmillan Publishing Company, New York.
Wilson, E. O. (1975) Sociobiology: The New Synthesis. The Belknap Press of Harvard University Press, Cambridge.

【著者略歴】

一九五〇年　東京都に生まれる
一九七八年　東京大学大学院農学系研究科博士課程修了
一九九四年　三重大学教育学部教授
二〇〇二年　筑波大学生物科学系教授
現在　筑波大学大学院生命環境科学研究科教授、三重大学名誉教授、農学博士

【主要著書】

『生態学入門』（二〇〇四年、日本生態学会編、東京化学同人）
『チョウの生物学』（分担執筆、二〇〇五年、東京大学出版会）
『トンボの博物学——行動と生態の多様性』（共訳、二〇〇七年、海游舎）
『昆虫の保全生態学』（二〇〇七年、東京大学出版会）
『身近な自然の保全生態学——生物の多様性を知る』（分担執筆、二〇一〇年、培風館）

生態学のレッスン
身近な言葉から学ぶ

二〇一二年九月五日　初　版

検印廃止

著　者　渡辺《わたなべ》　守《まもる》
発行所　財団法人　東京大学出版会
代表者　渡辺　浩
一一三-八六五四　東京都文京区本郷七—三—一　東大構内
電話：〇三—三八一一—八八一四
振替〇〇一六〇—六—五九九六四
印刷所　株式会社　精興社
製本所　矢嶋製本株式会社

ISBN 978-4-13-063334-5 Printed in Japan